高校数学でわかる相対性理論

特殊相対論の完全理解を目指して

竹内　淳　著

ブルーバックス

装幀／芦澤泰偉・児崎雅淑
カバーイラスト・もくじ・章扉／中山康子
本文図版／さくら工芸社

はじめに

「相対性理論」、誰もが一度はこの言葉を聞いたことがあるでしょう。20世紀初めの1905年に、スイスの特許局に勤める無名の青年アインシュタインが地上に送り出した理論です。

当時の物理学は、ニュートンが生み出した力学と、マクスウェルが基本的な方程式をまとめた電磁気学から構成されていました。アインシュタインの相対性理論は、これら既存の物理学に大きな衝撃を及ぼしました。特に重要なのは、本書でこれから見て行くように、「時空間の概念を大きく変えた」ことです。このため学界での巨大な影響だけでなく、一般の人々にもアインシュタインの名と相対性理論という言葉が広く知られるようになりました。

さて、このように有名で重要な相対性理論ですが、その中身を正しく理解できた人は、そう多くはないでしょう。本書を手に取った読者の中には、入門書を何冊か読んでみたが、どうも要領を得ないという方もいらっしゃるかもしれません。アインシュタインは1905年に特殊相対性理論を発表し、その10年後には適用範囲を拡大した一般相対性理論を発表しました。本書では特殊相対性理論を扱いますが、その数学のレベルは、実はそれほど高くないのです。高校の数学と物理学の知識があれば、特殊相対性理論をほ

ばマスターできます。

　本書では、**ほぼ大学の学部レベルの相対性理論が理解できる**よう構成を工夫してみました。これから相対性理論を学び始める方だけでなく、かつて学習を試みてつまずいてしまった方にもお役にたてることでしょう。ところどころ数学のレベルが上がるところがありますが、紙とペンを用意して手計算で確かめていただくと、理解が容易になることでしょう。本書を読破して、「おわりに」までたどり着いたとき、新たな時空間の描像が読者の皆さんの脳内に構築されていることを期待しています。

　それでは、相対性理論の旅に出発しましょう。

もくじ

はじめに *3*

第1部 ローレンツ変換からミンコフスキー空間まで *11*

第1章 相対性理論前夜
―― 何が謎だったのか *11*

奇跡の年 *12*
空間と時間の概念 *14*
マイケルソン・モーレーの実験 *20*
2つの光路の時間差は？ *25*

第2章 相対性理論の登場
―― アインシュタインの独創 *35*

相対性理論の礎となる2つの原理 *36*
マイケルソン・モーレーの実験の矛盾は
　　　　　　　地球上の慣性系では消える！ *37*
ローレンツ変換 *38*
座標変換が1次式で表されなければならない理由 *41*
座標変換式を求める *43*
ローレンツ変換の適用範囲 *52*

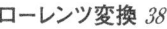
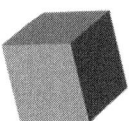

第3章 ローレンツ変換が教える異様な時空間
―― そこには常識と異なる世界があった 57

常識について 58
時間の遅れ 59
時間の遅れの実験的証拠 63
ローレンツ収縮 68
速度の合成 71
ドップラー効果 77
赤方偏移と青方偏移 81

第4章 ミンコフスキー空間
―― 新しい時空間の描像 91

時間と空間の新概念 92
2つの慣性系を1つの図に 92
ミンコフスキー 99
ローレンツ変換で変わらないものとは？ 100
(4-1)式や(4-2)式が表すもの 102
ローレンツ収縮をミンコフスキー図で見る 105
ミンコフスキー図で時間の遅れを考える 107
ローレンツ変換が変えないもの 110
ローレンツ変換は座標の回転に似ている 113
この座標回転はどのような式で表されるか 116
速度の合成を座標回転で求める 121
ローレンツ変換を行列で表す 123
光円錐 124

第2部 相対論的力学編 131

第5章 相対論的力学の構築 131

ニュートン力学からの改革 132
運動量保存則は成立するか？ 135
相対性理論での力は？ 142
相対性理論でのエネルギー 143
光量子仮説とコンプトン散乱 147
核エネルギー 154
1gのエネルギー 156

第6章 相対論的力学の体系化 —— 4元ベクトルとテンソル 161

相対論的力学の体系化 162
最短の世界線で固有時は最長に!? 165
ミンコフスキー空間の中の運動を記述するには 169
4元ベクトル 173
4元ベクトルであることのメリットは？ 176
4元力が4元ベクトルであることの証明 178
ローレンツ変換のテンソルによる表現 181
共変ベクトルと反変ベクトル 183

第3部 電磁気学編 *189*

第7章 電磁気学と相対性理論 —— 微分形のマクスウェル方程式 *189*

相対性理論と電磁気学 *190*

マクスウェル方程式 *190*

微分形のガウスの法則 *192*

微分形の電磁誘導の法則 *196*

微分形のマクスウェル方程式の第3式と第4式 *200*

ローレンツ力 *201*

第8章 電磁気学はどう変わるか？ *209*

マクスウェルの方程式のローレンツ変換 *210*
共変性を満たすための条件から何が導かれるか *218*

付録 *226*

参考資料・文献 *237*

おわりに *240*

さくいん *242*

第1部
ローレンツ変換からミンコフスキー空間まで

第1章

相対性理論前夜
── 何が謎だったのか

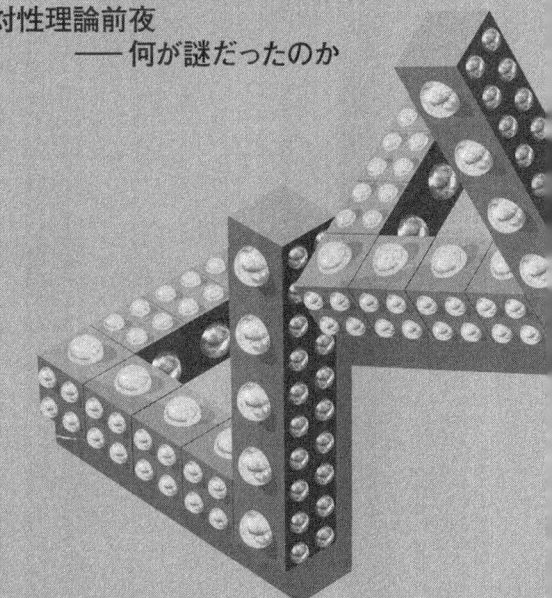

■奇跡の年

アルバート・アインシュタイン
©Photo12

20世紀が幕を開けて間のない1905年に、スイス中部の町ベルンの特許局に勤める無名の青年が世界を驚かせる4つの論文を発表しました。当時26歳の青年の名は、アルバート・アインシュタイン(1879〜1955)といいます(写真)。ドイツ南部の町ウルムに生まれた彼の少年時代は、鉄血宰相ビスマルクの指導の下に富国強兵を図ったドイツの歴史と重なります。ウルムの街にはドイツで一番高い塔を持つ教会があり、この教会の前の広場に面してアインシュタインの父が経営する店がありました。

アインシュタインは、5歳の時に方位磁石を見て自然科学への興味に目覚めました。目に見えない力に導かれて方位磁石は北を指しますが、そこには大きな謎が秘められています。その不思議さが少年の心を強くとらえました。

アインシュタインは、終生自由を追い求めた研究者でした。幼少時を過ごしたドイツ・ミュンヘンでの堅苦しい教育を嫌っていました。16歳の時に両親のイタリア・ミラノへの移住を転機として、やがてドイツを離れました。1895

第1章 相対性理論前夜 ── 何が謎だったのか

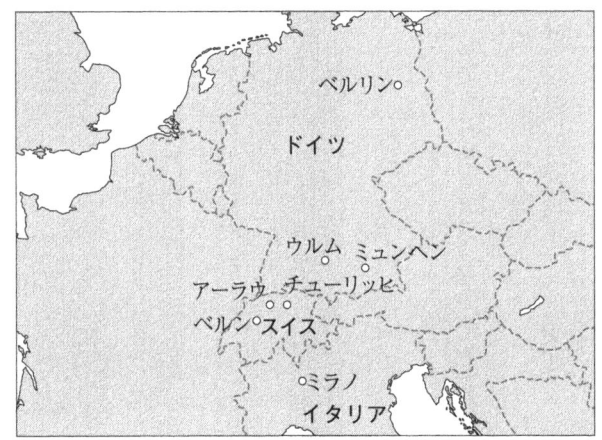

アインシュタインにゆかりのある都市

年にスイスのチューリッヒ工科大学を受験しましたが、不合格でした。このため、チューリッヒから西へ 40km ほど離れた町アーラウの学校に1年通うことになりました。いわば浪人したことになります。チューリッヒ工科大学に入学したのは1896年です。

　大学での成績は飛び抜けて優秀というわけではなく、卒業後に大学のポストにはつけませんでした。知人の紹介で1902年にチューリッヒから西南西に 100km ほど離れたベルンの特許局に審査官として勤めることになりました（地図）。

　アインシュタインが1905年に発表した論文のうちの2つが、本書の主題の「相対性理論」でした。他の論文のうちの1つは「光電効果」の論文で、別の1つは「ブラウン運

13

動」に関する論文です。このうち主に光電効果に関する研究によって、後にノーベル賞を受賞することになりました。これらの「相対性理論」「光電効果」「ブラウン運動」のどの論文1つでも、科学史に名を残すに十分な超一流の研究です。1905年は、これらの重要な論文がただ1人の研究者アインシュタインによって発表されたので、「奇跡の年」と呼ばれています。

■ 空間と時間の概念

アインシュタインの相対性理論の何が革新的なのかを見る前に、当時の科学的な常識がどのようなものであったのかを、まず見ておきましょう。当時の常識がわからないと、「相対性理論の何が革新的であるのか？」をつかめないでしょうから。

物理学のうち最も基礎的な分野である「力学」が誕生したのは、17世紀のガリレイ（1564〜1642）とニュートン（1642〜1727）の時代です。特にニュートンが力学の基本的な体系を作ったので、この力学を**ニュートン力学**とも呼びます。あるいは、相対性理論以降に改訂された力学や新たに登場した量子力学との対比として、**古典力学**と呼ぶこともあります。

力学では、物体の運動を表す際に、3次元の空間の座標(x, y, z)と時間tの4つの変数を使います。日本語の時間という単語には、「時刻」の意味（例えば、「集合時間は9時」という表現）と「時刻と時刻の間」という意味の両方がありますが、物理学での時間は、「秒を単位とする時

刻」のことです（ただし、$t=0$ は任意にとれます）。ニュートン力学では、この時間 t について、

宇宙のどこにいても時間 t は同じように流れる

と考えていました。例えば地球上でも、月の上でも同じように時間は流れると考えていたわけです。つまり、時間 t は時を表す「ある種の**絶対的な座標**」であり、時間の間隔に目盛りをつけるとすると、その目盛りの間隔は宇宙のどこでも同じであると考えられていました。これが当時の常識でした。もちろん、常識ではあっても、1905年当時の科学技術では、宇宙に飛行できるロケットや時間を正確に測る原子時計はまだ存在しなかったので、地球上と宇宙のどこかでの時間の進み方を比べることはできなかったわけです。

この「どこにいても時間 t は同じように流れる」という前提のもとでは、次の**ガリレイ変換**という関係が成り立ちます。ガリレイ変換では、等速直線運動（速度が一定の直線状の運動）をしている2つの座標系を考えます。身近な体験では、例えば、時速42kmで走っている乗用車にあなたが乗っていて、時速40kmで同じ方向に走る路面電車を追い越して行く場合が例として挙げられます（図1-1）。「静止または等速直線運動をしている座標系」を**慣性系**と呼びます。図1-2では、この路面電車と乗用車のような、慣性系 K（路面電車）と慣性系 K′（乗用車）の2つの慣性系を考えます。ここで慣性系 K（路面電車）に対して、慣性系 K′（乗用車）は x 軸方向に相対速度 V で動いてい

40km/時 − 42km/時 = −2km/時
（乗用車から見た路面電車の速さ）

時速42kmで走る乗用車から、同じ方向に時速40kmで走る路面電車を見ると、路面電車は時速2kmで後退しているように見えます。

図1-1 2つの慣性系の例

るとします（本書では、2つの慣性系の間の相対速度を表す際には大文字の V を使うことにします）。乗用車から見た路面電車の相対速度は時速で書くと

$$40\text{km/時} − 42\text{km/時} = −2\text{km/時}$$

です。乗用車から路面電車を見ると、路面電車は時速2kmで後退しているように見えます。

K系（路面電車）の x, y, z のそれぞれの座標軸とK′系（乗用車）の x', y', z' のそれぞれの座標軸の方向は同じであるとします。図1-2の上図のように時間 $t=0$ で両者の原点は一致していたとしましょう。このとき、ある点A

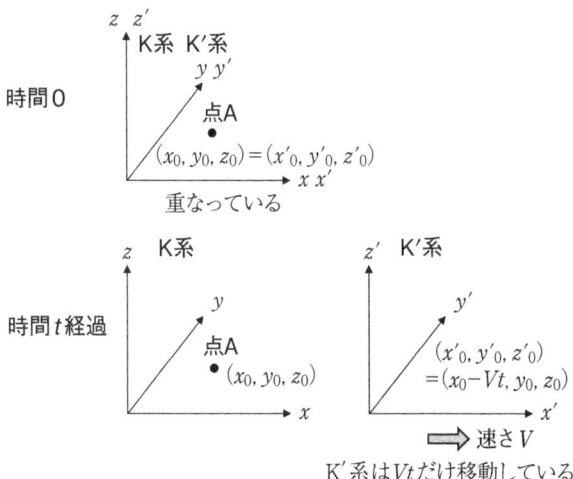

時間 $t=0$ で K 系と K′ 系は重なっています。K′ 系は速さ V で x 軸（$=x'$ 軸）の正の方向に動いています。K 系で静止している点 A の座標は、K 系ではずっと (x_0, y_0, z_0) のままですが、K′ 系では $(x'_0, y'_0, z'_0) = (x_0 - Vt, y_0, z_0)$ となります。

図1-2 ガリレイ変換

の座標がそれぞれの慣性系でどのように表されるのか考えてみましょう。慣性系 K で測った点 A の座標が (x_0, y_0, z_0) で表されるとすると、慣性系 K′ で測った点 A の座標 (x'_0, y'_0, z'_0) との関係は、$t=0$ では（原点が一致しているので）

$$(x_0, y_0, z_0) = (x'_0, y'_0, z'_0)$$

となります。

この点Aは、慣性系Kで静止しているとしましょう。すると、時間の経過にかかわらずK系での座標は、ずっと (x_0, y_0, z_0) のままです。ところがK′系はK系に対して速さ V で x 方向に動いているので、K′系で測った x 座標 x'_0 は

$$x'_0 = x_0 - Vt \qquad (1\text{-}1)$$

になります。乗用車から路面電車を見ると速さ $-V$ で路面電車が後方に下がっていくように見えますが、それが (1-1) 式の $-Vt$ の項です。y 座標と z 座標については、$y'_0 = y_0$ であり、$z'_0 = z_0$ なので、点AのK′系での座標 (x'_0, y'_0, z'_0) は、

$$(x'_0, y'_0, z'_0) = (x_0 - Vt, y_0, z_0)$$

となります。これがガリレイ変換です。

　次に、点Aが慣性系Kで x 方向に速さ v で動いている場合を考えましょう。例えば、路面電車の中を前方に向かって時速2kmで歩いている人が点Aに対応します。簡単のために、$t=0$ での点Aの x 座標はゼロだったとします。この場合、K系での点Aの x 座標は、

$$x_0 = vt \qquad (1\text{-}2)$$

という数式で表されます。K′系で観測した場合は、(1-2) 式を (1-1) 式に代入して

$$x'_0 = vt - Vt \qquad (1\text{-}3)$$

となります。この（1-3）式の両辺を時間 t で微分すると、

$$\frac{dx'_0}{dt} = v - V \qquad (1\text{-}4)$$

となります。この式は、K′系で観測した x 方向の速さ（左辺）は、K系で観測するより相対速度 V だけ遅くなること（右辺の $v-V$）を意味します。路面電車の中を前方に時速2kmで歩いている人の場合は、路面電車の座標系でのその人の速さ v は2kmであり、路面電車と乗用車の相対速度 V も2kmなので、（1-4）式の右辺の値はゼロとなり、K′系（乗用車）で観測したその人の速さはゼロになります。つまり、時速42kmで走る乗用車から、「時速40kmで走る路面電車の中を時速2kmで前方に歩く人」を見ると、静止しているように見えることになります。

　ガリレイ変換はこのように相対速度 V が（1-1）式や（1-4）式に現れるだけの比較的簡単な関係です。読者の中には、どうしてこんなあたりまえのことを筆者はくどくど説明するのだろうと、思った方もいらっしゃることでしょう。繰り返しになりますが、このガリレイ変換は、慣性系KとK′で時間の流れ方が同じであり、時間 t という変数が両者で共通であるという認識のもとに成り立っています。

　人間の直感的な理解の基礎は、多くは日常生活での実体験をもとに自然に形成されます。このガリレイ変換に対応する身近な体験は、さきほどの路面電車と乗用車の例のよ

19

うに少なからずあることでしょう。その場合に、路面電車の中と乗用車の中で時間の流れ方が異なるという実体験を持っている方はほとんどいないでしょう（路面電車で居眠りをして、時間を短く感じたという経験ならあるかもしれませんが）。したがって時間 t を 2 つの座標系で共通の変数として使うことは、いわばあたりまえだったのです。と・こ・ろ・が・、ガ・リ・レ・イ・変・換・で・は・説・明・で・き・な・い・現・象・に人類は直面することになりました。その現象を明らかにした実験は、**マイケルソン・モーレーの実験**と呼ばれています。

■マイケルソン・モーレーの実験
　マイケルソン・モーレーの実験は、このガリレイ変換の性質を使って、光を伝える媒質である「エーテル」の存在を明らかにしようとするものでした。光が電波（電磁波）の一種であることは、マクスウェル（1831〜1879）らが明らかにしていました。音（音波）は、空気を媒体として伝わりますが、その類推から電磁波にも媒体が存在するものと予想できます。そこで、その媒体を「エーテル」と名付けていました（ちなみに、揮発性を有するある種の化学物質もエーテルと呼ばれていますが、ここで問題にしているのは化学物質ではないエーテルです）。電磁波が真空中を伝わることは実験的に明らかになっていたので、エーテルは空気のない空間（＝真空）にも存在する無色透明の謎の媒体であるということになります。
　アメリカのマイケルソン（1852〜1931）（写真）は、ガリレイ変換を利用してこのエーテルの存在を立証しようと

第1章　相対性理論前夜 ── 何が謎だったのか

しました。マイケルソンが実験を行った1880年代には、宇宙は静的であって、大きさが一定であると信じられていました。宇宙が膨張していることがわかったのはそれから30年後の1910年代のことです。エーテルはその宇宙に静止して満ち満ちていて、光はこの静止したエーテルの中を光速 c

アルバート・マイケルソン
©Granger/PPS

（秒速30万km）で伝わると考えられていました。そうすると、地球は太陽の周りを公転しているので、エーテルが太陽に対して静止しているとすると、地球はエーテルの中を動き回っていることになります。

この静止したエーテルの中での光の速さを考えてみましょう。図1-3のように地球の公転方向の速さを V とします。地球の公転方向に伝わる光の速さを地球から観測すると、（1-4）式に従って光の速さは

$$c - V$$

となるでしょう。また、地球の公転の反対方向に伝わる光の速さを地球から観測すると、（1-4）式に従って光の速さは

$$c + V$$

21

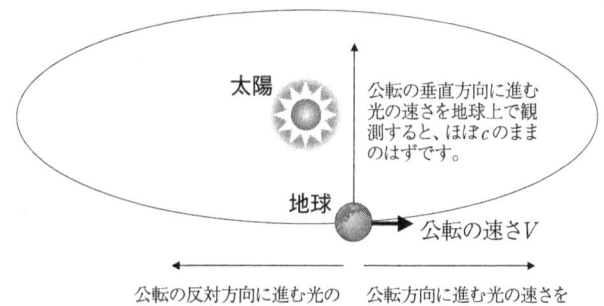

図1-3 太陽系で静止しているエーテルと地球の公転

となるでしょう。これらの式は、地球上では公転の反対方向に速さ V のエーテルの風が吹いているように観測されることを意味します。

一方、地球の公転とは垂直方向に進む光の速さを地球から観測すると、ほぼ

$$c$$

のままでしょう（「ほぼ」というのは、この後で見るように地球上で公転の垂直方向に進む光はわずかにエーテルの風の影響をうけるからです）。とすると、公転方向と、その垂直方向の光速を地球上で測って、速さ V の差が観測されれば、エーテルの存在が立証できることになります。

第1章　相対性理論前夜——何が謎だったのか

　地球の公転は、静止しているエーテルに対して最も高速の運動であり、その速さが秒速30kmであることはすでにわかっていました（第1章のコラム参照）。ただし、高速とは言っても、光の速さの秒速30万kmに比べたら、わずか1万分の1にすぎません。当時の技術では、直接的に光速を測って、1万分の1の精度まで求めることは不可能でした。

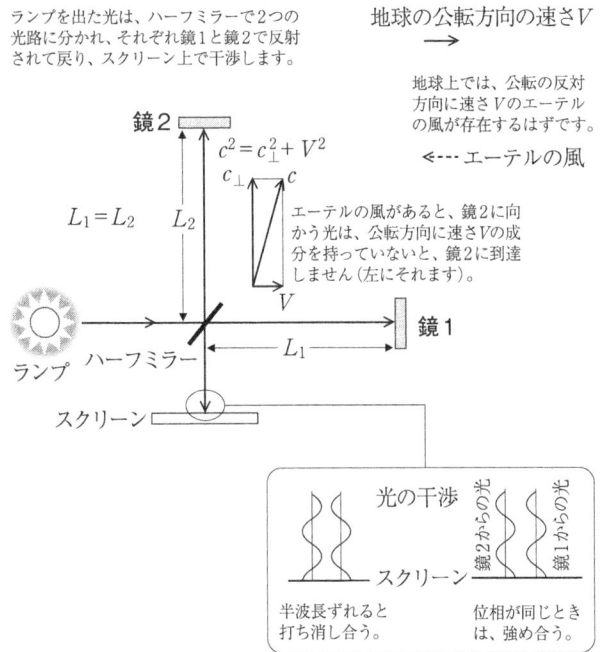

図1-4　マイケルソン・モーレーの実験

そこで、マイケルソンは図1-4の装置を考案し、これで「光の干渉」を測ることにしました。「光の干渉」というのは、光が波であるという性質によるもので、図1-4のように同じ波長の2つの光を重ねたときに、位相の差がゼロのときには光を強め合い、位相の差が半波長のとき（位相差＝0.5）には光を弱め合うというものです。図1-4の装置のハーフミラーというのは、光の反射率と透過率が同じ鏡のことです。この装置では、ランプを出た光のうち半分（＝ハーフ）はハーフミラーを透過して鏡1に向かい、半分はハーフミラーで反射されて鏡2に向かいます。鏡1で反射された光はハーフミラーに戻り、スクリーンに向かって反射されます。また、鏡2で反射された光はハーフミラーに戻り、ハーフミラーを透過してスクリーンに向かいます。スクリーン上では、この2つの光路を経た光が干渉します。

　この2つの光路のそれぞれの長さ L_1 と L_2 は同じにしておきます。このとき2つの光路での光速が同じ場合には、$L_1 = L_2$ なので、スクリーン上で2つの光波の位相は同じとなり、光は強め合います。ところが2つの光路での光速が異なれば、同じ場合より光は弱くなります。例えば一方の光路での光速が他方より遅くなり、スクリーン上での光の位相が半波長ずれていたとすると、2つの光波は打ち消し合うので、スクリーン上での光は弱くなるでしょう。この装置をマイケルソン干渉計と呼びます。マイケルソンは鏡1で反射される光の光路を地球の公転方向と平行にし、鏡2で反射される光の光路をそれとは垂直にした場

合に、スクリーン上での干渉の強さがどうなるかを調べました。地球の公転方向と、公転の垂直方向とで、光速が異なるのであればスクリーン上での干渉に変化が出ると考えたのです。

■ 2つの光路の時間差は？

マイケルソン・モーレーの実験をより詳しく検証するために、この2つの光路の時間差を正確に求めてみましょう。ランプからハーフミラーまでの距離と、ハーフミラーからスクリーンまでの距離はどちらの光路でも同じです。したがって2つの光路の時間差の計算にはこれらを含める必要はありません。

ハーフミラーから鏡までの距離 L を $L \equiv L_1 = L_2$ とします。地球上では、公転と反対方向にエーテルの風が吹いているように見えるので、前述のように鏡1に向かう光の速さは $c-V$ になるでしょう。ハーフミラーから公転方向に L 離れた鏡1に光が到達するのに要する時間は、

$$t_1 = \frac{L}{c-V}$$

となります。一方、鏡1で反射してハーフミラーに戻る光路では、光の速さは $c+V$ になるので、帰りの時間は、

$$t_2 = \frac{L}{c+V}$$

となります。

次に、公転と垂直方向に距離 L 離れた鏡2で反射する光路について考えましょう。鏡2に到達するのに要する時間を t_3 とします。公転方向には公転とは逆向きにエーテルの風が吹いているので、ハーフミラーで反射されて鏡2に向かう光は公転方向にも速さ V を持っていないと、エーテルの風に押し流されて鏡2にたどり着けない（図1-4では、鏡2の左にそれる）ということになります。したがって、公転の垂直方向の光の速さを $c_\perp$ とすると、エーテル中の光速 c との間には（三平方の定理により）

$$c^2 = c_\perp{}^2 + V^2$$

の関係があります。これから $c_\perp$ を求めると

$$c_\perp = \sqrt{c^2 - V^2}$$

となります。公転の垂直方向に距離 L を伝播するのに要する時間は、L を $c_\perp$ で割って

$$t_3 = \frac{L}{\sqrt{c^2 - V^2}}$$

となります。鏡2からハーフミラーに戻る時間もこれと同じです。

これで2つの光路の往復時間が、$t_1 + t_2$ と $2t_3$ として求められたわけです。この2つの光路の往復時間の差 $\varDelta t$ を計算してみましょう。

$$\Delta t = t_1 + t_2 - 2t_3$$
$$= \frac{L}{c-V} + \frac{L}{c+V} - \frac{2L}{\sqrt{c^2-V^2}}$$
$$= \frac{2cL}{c^2-V^2} - \frac{2L}{\sqrt{c^2-V^2}}$$
$$= \frac{2cL - 2L\sqrt{c^2-V^2}}{c^2-V^2}$$

となり、分母と分子を c^2 で割ると

$$= \frac{\dfrac{2L}{c} - \dfrac{2L}{c}\sqrt{1-\left(\dfrac{V}{c}\right)^2}}{1-\left(\dfrac{V}{c}\right)^2}$$

となります。ここで、分子にルートの項がありますが、ルートを外すために近似式

$$\sqrt{1-a} \approx 1 - \frac{a}{2} \quad (a \ll 1 \text{ の場合})$$

を使います（付録参照）。また、地球の公転速度は光速の1万分の1なので分母の第2項は1万分の1の2乗（＝1億分の1）となり、1に比べるとはるかに小さいので無視しましょう。よって Δt は、

$$\approx \frac{2L}{c} - \frac{2L}{c}\left(1 - \frac{1}{2}\left(\frac{V}{c}\right)^2\right)$$
$$= \frac{LV^2}{c^3}$$

となります。

　この時間差を位相差に直してみましょう。時間差×光速 c ÷波長 λ が、位相差です。$\frac{V}{c}$ は1万分の1なので、その2乗は 10^{-8} で1億分の1です。マイケルソン・モーレーの実験にならって、波長を黄色の $0.55\mu\text{m}$ ($0.55\times 10^{-6}\text{m}$) とし、$L$ を11mとしてみましょう。すると

$$\text{位相差} = \frac{LV^2}{c^3} \times c \div \lambda$$
$$= \frac{LV^2}{\lambda c^2}$$
$$= \frac{11}{0.55 \times 10^{-6}} \times 10^{-8} = 0.2$$

となり、0.2波長のずれになります。図1-4で見たように位相差がゼロのときに最も強め合い、位相差が0.5波長のときに最も弱め合います。0.2波長はほぼこの中間ですが、明暗の差は明瞭に観測されるはずです（実際の実験は第4章コラム参照）。

　マイケルソン・モーレーの実験結果では、位相差は0.2波長よりずっと小さい値でした。つまり、エーテルの風の

影響を検出できませんでした。これは、エーテルの存在を立証できなかったことを意味します。

マイケルソン・モーレーの実験が行われたのは1887年のことで、この年にはアインシュタインはまだ8歳でした。その後も、実験精度を上げるために装置を改良しながら同種の実験が行われましたが、エーテルの影響による位相差は検出できませんでした。マイケルソンはエーテルの存在を立証できなかったものの、マイケルソン干渉計の考案と分光学へのすぐれた貢献等により、1907年にノーベル物理学賞を受賞しました。

このマイケルソン・モーレーの実験では、いくつかの仮定が存在します。それらを並べてみると

- 光（電磁波）を伝えるエーテルという媒質が存在し、エーテルは太陽系に対して静止しているという仮定
- エーテル中の光速が c という一定の値であるという仮定
- 地球上での光速は、（太陽系に対して）静止しているエーテルに対するガリレイ変換で決まるという仮定

となります。これらの仮定のもとに行ったマイケルソン・モーレーの実験で、公転方向とその垂直方向の光速の差が見つけられなかったということは、これらの仮定のどれかが間違っていることを意味します。しかしこれらの仮定は、当時の学界ではどれも正しいものと考えられていました。

マイケルソン・モーレーの実験で光速の差を見つけられなかったことから、新たな仮説も現れました。その1つは、地球のまわりのエーテルは、地球の動きに引きずられて地球と一緒に動くというものです。地球のそばのエーテルは地球と一緒に動くので、地球上での光速を考える際にガリレイ変換を施す必要はなく、公転方向とその垂直方向ともに光速は一定の c であるという説です。これであれば、光速の差はもともと存在しないことになり、マイケルソン・モーレーの実験結果を説明できます。しかし、なぜエーテルが地球の動きに引きずられるのかという、新たな謎を生み出すことになります。

もう1つの仮説は、オランダのローレンツ（1853〜1928）（写真）が唱えたもので、エーテル中を動く物体は、運動方向の長さがわずかに短くなるというものです。どれぐらい短くなるかというと、マイケルソン・モーレーの実験結果を説明できるぐらいに、公転方向の長さが短くなると仮定します。これを**ローレンツ収縮**と呼びます。しかしこの場合も、なぜ運動方向の長さが短くなるのかという、新たな謎を加えることになります。

ヘンドリック・ローレンツ
©SPL/PPS

第1章　相対性理論前夜——何が謎だったのか

このように相対性理論の登場前夜には、光の伝播に関して大きな謎が存在していました。この謎を解く、新しい物理学の体系を生み出したのが、まさに彗星のごとく登場したアルバート・アインシュタインでした。

地球の公転速度をどのように測ったのか

マイケルソン・モーレーの実験の解析には、地球の公転速度が必要です。この公転速度をどのように求めたのでしょうか。公転速度を割り出したのは、イギリスの天文学者のブラッドレー（1693〜1762）とモリニュー（1689〜1728）でした。マイケルソン・モーレーの実験より160年ほど前のことです。彼らは4m近い細長い望遠鏡を使って、地球の公転面から垂直方向にある星を観測していました（実際に観測した星は垂直方向から少しずれています）。そして1725年12月の

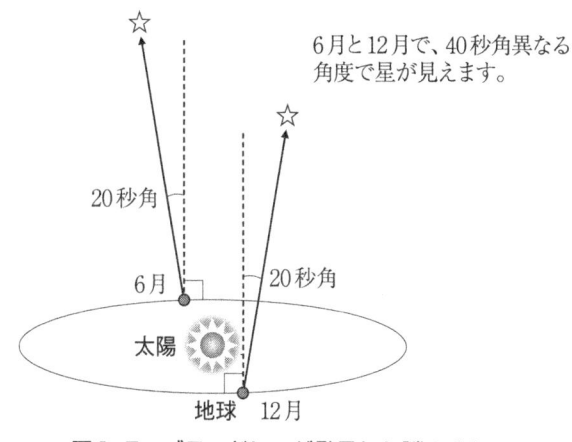

図1-5　ブラッドレーが発見した謎のずれ

観測で、図1-5のように、星が垂直方向から奇妙にずれて観測されることを発見しました。ずれの角度は、公転面に垂直な方向にある星に換算すると20秒角という極めて小さい値でした（1秒角は1度の3600分の1）。さらに驚くべきことには、翌年の6月には、ずれの方向は反対側に20秒角ずれていました。

　この謎は容易には解明されませんでした。この原因にブラッドレーが気づいたのは、1728年の秋にテムズ川でマスト付きのボートで遊んだときでした。一方向から風が吹いていたのですが、ボートの進行方向が変わると、マストの天辺の風見鶏の向きがわずかに変化することに気づいたのです。ブラッドレーは、風見鶏が指す方向は、水上を吹く風だけでなく、ボート自身の動きにも影響されることに気づきました。

　この現象は、無風で鉛直方向に雨が降っている中を、小さな傘をさして走っている人にたとえることができます（図1-6）。走ると、進行方向から雨が吹き込んでくるので、傘を前傾させる必要があります。地球の公転面に垂直な星からの光も、地球が静止していれば、公転面に垂直な方向に望遠鏡を向ければよいわけですが、公転している場合は、傘と同様に望遠鏡を公転方向に前傾させる必要があるのです。

　速く走るほど傘を大きく傾ける必要があることから、光速を c とし公転の速さを V とすると、この傾き θ が

$$\tan\theta = \frac{V}{c}$$

第1章 相対性理論前夜──何が謎だったのか

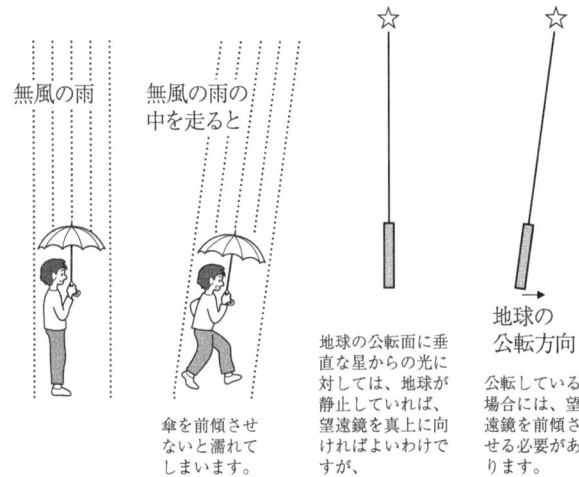

図1-6 望遠鏡の前傾の理由とは

となることがわかります。ただし、この傾き θ は20秒角という小さい値なので、$\tan\theta \approx \theta$（ラジアン）と近似できます（付録参照）。よって、$\theta \approx \dfrac{V}{c}$ となります。この式から

$$20(秒角) = \frac{20}{60} \times \frac{1}{60} \times \frac{2\pi}{360}(ラジアン) = \frac{\pi}{32400} \approx \frac{1}{9696.3}$$

となり、公転の速さが光速のほぼ1万分の1であることがわかりました。この θ は光行差と呼ばれます。

なお、光の速さがかなり正確に求められるようになったのは、ブラッドレーの観測から124年後なので、このときは地

球の公転の速さについては、光速の1万分の1であるということまでしかわかりませんでした。

第2章

相対性理論の登場
―― アインシュタインの独創

■相対性理論の礎(いしずえ)となる2つの原理

　1905年にアインシュタインは相対性理論の論文を発表しました。論文の冒頭には、「"光を伝える媒質"に対する地球の相対的な速度を確かめようとして、結局は失敗に終ったいくつかの実験」(『相対性理論』アインシュタイン著、内山龍雄訳・解説、岩波文庫) という表現があります。マイケルソンとモーレーの名前は出てきませんが、これは彼らの実験を指していると思われます。

　アインシュタインは相対性理論を組み上げるために、次の2つの原理を仮定しました。物理学の原理とは、多くの場合に「それ以上は分解できない物理的な関係」を表します。1つは**相対性原理**で、

　・**どの慣性系でも物理法則は同じ形で表される**

というものです。ここでの物理法則とは、力学と電磁気学の物理法則です。アインシュタインが仮定したもう1つの原理は**光速一定の原理**(**光速度不変の原理**とも言います)で

　・**ある慣性系から見たとき、光源が静止しているか動いているかにかかわらず、光速 c は一定である**

というものです。仮定した原理はわずかにこの2つです。ここでは、

　・ガリレイ変換が成立するとは仮定していないこと

また、

- 異なる慣性系で時間の流れ方が同じであるとは仮定していないこと

さらに、

- エーテルの存在を仮定していないこと

に注意して下さい。

■マイケルソン・モーレーの実験の矛盾は地球上の慣性系では消える！

　この光速一定の原理を仮定すると、マイケルソン・モーレーの実験の矛盾は消えてしまいます。図1-4のマイケルソン・モーレーの実験では、ハーフミラーから鏡までの距離 L を $L \equiv L_1 = L_2$ としています。光速一定の原理によると、ある慣性系から見たとき、光源が静止しているか動いているかにかかわらず、光速は一定です。したがって、地球上の慣性系では、地球の公転方向（ハーフミラーから鏡1の方向）の光速と、公転とは垂直方向（ハーフミラーから鏡2の方向）の光速は同じになります。エーテルの存在を仮定しないのでエーテルの風も存在しません。よって、地球上の慣性系でそれぞれの往復距離を光速で割った時間は以下のように同じになります。

$$\frac{2L_1}{c} = \frac{2L_2}{c}$$

つまり、マイケルソン・モーレーの実験では、この2つの光路の時間差は検出できないということになります。

■ **ローレンツ変換**

一方、この光速一定の原理の導入によって、2つの慣性系の間には**ローレンツ変換**と呼ばれる新たな座標変換が成立するようになります。このローレンツ変換が、相対性理論の中核となる最重要の関係です。さっそく、このローレンツ変換に取り組んでみましょう。

いま2つの慣性系KとK'を考え、K'系は座標系Kのx軸方向に相対速度Vで等速直線運動をしているとしま

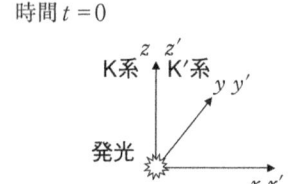

時間$t = 0$

時間$t = 0$でK系とK'系は重なっていて、原点にある光源が一瞬、光ったとします。

$t > 0$では、K系とK'系ともに、光の波面は原点を中心として球状に光速cで広がっていきます。

時間$t > 0$

光速cで、球状に広がる光の波面

⇒ 相対速度V

$x^2 + y^2 + z^2 = c^2 t^2$

K系の光の波面上の座標(x, y, z)と光速cの関係

$x'^2 + y'^2 + z'^2 = c^2 t'^2$

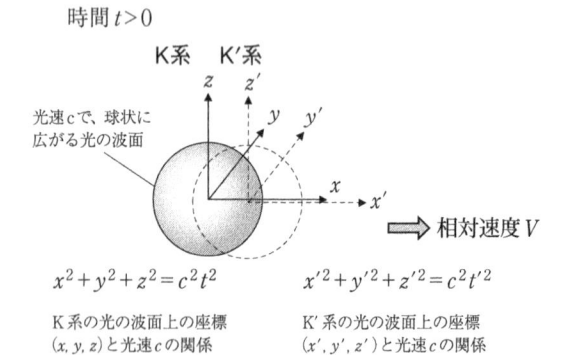

K'系の光の波面上の座標(x', y', z')と光速cの関係

図2-1　原点を中心に広がる光の波面と光速の関係

す（図2-1）。また、x 軸方向と x' 軸方向は同じであり、y 軸方向と y' 軸方向、それに z 軸方向と z' 軸方向も空間的に同じであるとしましょう。

ここで、時間 $t=0$ で両者の原点は一致し、このとき原点に置かれた光源から光が放射されたとします。この光は原点からまわりに放射状（球状）に広がっていきます。慣性系 K の時間 t での光の波面を座標 (x, y, z) で表すことにすると、原点からの距離は、

$$\sqrt{x^2+y^2+z^2}$$

です。光速を c とすると、この距離は ct に等しいので、

$$\sqrt{x^2+y^2+z^2}=ct$$

という式が成り立ちます。また、この両辺を2乗して左辺にまとめると

$$\therefore x^2+y^2+z^2-c^2t^2=0 \qquad (2\text{-}1)$$

となります。

光速一定の原理の要請から、慣性系 K′ においても K 系と同じく光は光速 c で原点のまわりに広がっていきます。よって K′ 系での時間 t' での光の波面の座標を (x', y', z') とすると、前式と同じ形の

$$x'^2+y'^2+z'^2-c^2t'^2=0 \qquad (2\text{-}2)$$

という式が成り立ちます。

この2つの座標系のそれぞれの原点に立っている人（例

えばAさんとA'さん)から見れば、時間 $t=0$ で放射された光が原点から球状に広がっていく様子をともに見ていることになります。図2-1の下図では、Aさんが見ているのが実線の波面で、A'さんが見ているのが点線の波面です。K'系はK系に対して、x 軸方向に相対速度 V で移動していくので、図2-1の下図では、同一の光源から出た同一のはずの光の波面が、K系(実線の球)とK'系(点線の球)では図上でずれることになります。これには直感的に違和感を覚える方が多いと思いますが、光速一定の原理を仮定するならば(2-1)式と(2-2)式がともに成り立つ必要があることから、これを受け入れざるをえないということになります。

この光速一定の原理を仮に認めたとして、ここでの課題はこの2つの座標系の

(x, y, z, t) と (x', y', z', t') の間にどのような関係があるのか

を明らかにすることです。なお、慣性系K'の時間を t' と書いているのは、t と t' が同じではない場合に対応するためです。

慣性系K'は x 軸方向(=x' 軸方向)に動いているので、y 座標(y' 座標)や z 座標(z' 座標)については、この2つの系で差はありません。よって、

$$y = y' \quad (2\text{-}3)$$
$$z = z' \quad (2\text{-}4)$$

です。とすると、それ以外の変数である x, t と x', t' の関

係を調べればよいことになります。この場合、座標変換を表す式としては、x' が x と t の関数 $f(x, t)$ として表され、t' が x と t の関数 $g(x, t)$ として表されるでしょう。式で書くと

$$x' = f(x, t) \qquad (2\text{-}5)$$
$$t' = g(x, t) \qquad (2\text{-}6)$$

です。

■座標変換が1次式で表されなければならない理由

これらの式が座標変換を表すとして、この関数の形、特に変数の次数について考えてみましょう。これらの関数は、x と t の1次の式（x や t の1乗の項がある式）として表される場合の他に、2次（x や t の2乗の項がある式）や3次の式として表される可能性も考えられます。しかし、2次や3次の式では都合が悪いことは少し計算してみるとわかります。例えば、2次の式として表される簡単な例として

$$x' = Ax^2 \qquad (2\text{-}7)$$

という場合を考えてみましょう。x について解くと

$$x = \sqrt{\frac{x'}{A}} \qquad (2\text{-}8)$$

となります。

この式が座標変換を表す式として妥当かどうか、考えて

みましょう。慣性系 K から K′ 系を見た場合と、慣性系 K′ から K 系を見た場合の座標変換の式は同じ形になるだろうということは直感的にわかります。K′ 系は K 系に対して速さ V で x 方向に動いているわけですから、これは K′ 系から見れば、K 系は x 軸の負の方向に速さ V で動いているように見えるわけです。見え方の違いは、相手が相対速度 $+V$ で動いているように見えるか、$-V$ で動いているように見えるかの違いしかないわけです。したがって、(2-5) 式と (2-6) 式の変換式が成り立つとしたら、その逆の

$$x = h(x', t') \quad (2\text{-}9)$$
$$t = k(x', t') \quad (2\text{-}10)$$

も成り立つはずであり、しかも、$f(x, t)$ と $h(x', t')$ はとても似た形になるはずです。同様に $t' = g(x, t)$ と $t = k(x', t')$ もとても似た形になるはずです。両者の次数も同じになるでしょう。また、(2-5) 式や (2-6) 式の中に V の項があれば、それを $-V$ に置き換えれば (2-9) 式や (2-10) 式が得られるはずです。

さて、この認識のもとに、(2-8) 式を見ると、右辺の x' はルートの中に入っていて、(2-7) 式の 2 次式とはまったく異なっていることがわかります。この関係を文章で表すと、

(2-5) 式に x の 2 乗の項があると (2-9) 式に x' の $\frac{1}{2}$ 乗の項が現れる

ということになります。これは 3 次式を使った場合も同様で、

(2-5) 式に x の 3 乗の項があると (2-9) 式に x' の $\frac{1}{3}$ 乗の項が現れる

だろうと容易に推測できます。どちらも次数は一致しません。というわけで、1 次式を用いた場合にのみ、

(2-5) 式に x の 1 乗の項があると (2-9) 式に x' の $\frac{1}{1}$ 乗（＝ 1 乗）の項が現れる

ことになり、(2-5) 式と (2-9) 式の次数が同じになるという条件を満たすことがわかります。よって、ローレンツ変換は 1 次の式で表されることがわかります。

■座標変換式を求める

1 次式のみが許されるということがわかったので、(2-5) 式と (2-6) 式の座標変換を次の 2 つの 1 次式

$$x' = Ax + Bt \quad (2\text{-}11)$$
$$t' = Qx + Rt \quad (2\text{-}12)$$

で表すことにしましょう。

慣性系 K′ は K 系に対して速さ V で x 方向に進んでいるので、慣性系 K の座標上での K′ 系の原点は

$$x = Vt$$

で表されます。一方、慣性系 K′ の原点は慣性系 K′ の座標としては、

$$x' = 0$$

のままです。よって、この両者を (2-11) 式に代入すると、

$$\begin{aligned}0 &= AVt + Bt \\ &= (AV + B)t\end{aligned}$$

となります。この式は任意の時間 t に対して成り立つ必要があるので

$$B = -AV$$

となります。これで未知の係数が 1 つ減りました。

よって、(2-11) 式にこれを代入して

$$\begin{cases} x' = Ax - AVt & (2\text{-}11') \\ t' = Qx + Rt & (2\text{-}12') \end{cases}$$

となります。

次に、K′ 系の光の波面に成り立つ (2-2) 式に、この両式と (2-3) 式と (2-4) 式を代入します。すると、変数

第2章 相対性理論の登場──アインシュタインの独創

x', y', z', t' で書かれていた (2-2) 式は変数 x, y, z, t で書き換えられます。この書き換えられた (2-2) 式の新たな x, y, z, t の関係から、未知の係数が求められます。まず、(2-2) 式に、(2-11′)、(2-12′)、(2-3)、(2-4) 式を代入すると

$$\begin{aligned}0 &= x'^2 + y'^2 + z'^2 - c^2 t'^2 \\ &= A^2(x-Vt)^2 + y^2 + z^2 - c^2(Qx+Rt)^2 \\ &= A^2 x^2 - 2A^2 Vxt + A^2 V^2 t^2 + y^2 \\ &\quad + z^2 - c^2 Q^2 x^2 - 2c^2 QRxt - c^2 R^2 t^2 \\ &= (A^2 - c^2 Q^2)x^2 + y^2 + z^2 \\ &\quad + (A^2 V^2 - c^2 R^2)t^2 - 2(A^2 V + c^2 QR)xt \quad (2\text{-}13)\end{aligned}$$

となります。これで変数 x, y, z, t の式になりました。変数 x, y, z, t の間には (2-1) 式が成り立っているので、(2-1) 式を変形して

$$y^2 + z^2 = -x^2 + c^2 t^2$$

となるので、これを (2-13) 式に代入して y と z を消去します。すると、(2-13) 式は

$$0 = (A^2 - c^2 Q^2 - 1)x^2 + (A^2 V^2 - c^2 R^2 + c^2)t^2 - 2(A^2 V + c^2 QR)xt$$

となります。この式は任意の x や t に対して成り立つ必要があるので、それぞれの係数はゼロでなければならないことがわかります。よって、

$$\begin{cases} A^2 - c^2Q^2 - 1 = 0 & \text{(2-14)} \\ A^2V^2 - c^2R^2 + c^2 = 0 & \text{(2-15)} \\ A^2V + c^2QR = 0 & \text{(2-16)} \end{cases}$$

の3つの式が得られます。変数は3つで、式も3つなので、この連立方程式は解けます。この連立方程式を解くのは中学から高校の数学程度の問題です。なので、以下では式の数はそこそこ多いのですが、個々の計算は簡単です。

(2-14) 式から

$$A^2 = 1 + c^2Q^2 \quad \text{(2-17)}$$

が得られるので、これを使って (2-15) 式と (2-16) 式の A^2 を消去しましょう。すると、

$$(1 + c^2Q^2)V^2 - c^2R^2 = -c^2 \quad \text{(2-18)}$$
$$(1 + c^2Q^2)V + c^2QR = 0 \quad \text{(2-19)}$$

となります。(2-19) 式から R を求めると

$$R = -\left(\frac{1}{c^2Q} + Q\right)V$$

となるので、これを (2-18) 式に入れると

第2章 相対性理論の登場——アインシュタインの独創

$$(1+c^2Q^2)\,V^2-c^2\left(\frac{1}{c^2Q}+Q\right)^2V^2=-c^2$$

$$\therefore (1+c^2Q^2)\,V^2-\left(\frac{1}{c^2Q^2}+2+c^2Q^2\right)V^2=-c^2$$

となり、カッコを外すと

$$\therefore -V^2-\frac{1}{c^2Q^2}V^2=-c^2$$

となります。両辺に $-c^2Q^2$ をかけると、

$$c^2Q^2V^2+V^2=c^4Q^2$$

となり、Q^2 を左辺にまとめると、

$$Q^2=\frac{V^2}{c^4-c^2V^2}=\frac{\dfrac{V^2}{c^4}}{1-\dfrac{V^2}{c^2}} \qquad (2\text{-}20)$$

となります。これで Q^2 が求められました。これを (2-17) 式に代入すると、

$$A^2 = 1 + c^2 Q^2$$

$$= 1 + \frac{\dfrac{V^2}{c^2}}{1 - \dfrac{V^2}{c^2}}$$

$$= \frac{1}{1 - \dfrac{V^2}{c^2}} \quad (2\text{-}21)$$

となり、A^2 が求められました。

R^2 も求めましょう。(2-15) 式を整理して左辺に R^2 をまとめると

$$R^2 = \frac{A^2 V^2 + c^2}{c^2}$$

$$= 1 + \frac{V^2}{c^2} A^2$$

となり、これに (2-21) 式を代入すると、

$$= 1 + \frac{V^2}{c^2 - V^2}$$

$$= \frac{1}{1 - \dfrac{V^2}{c^2}} \quad (2\text{-}22)$$

となり、R^2 が求められました。

A や R を求めるには、これらから平方根を求めればよいわけです。(2-21) 式の平方根は、

第2章 相対性理論の登場——アインシュタインの独創

$$\frac{1}{\sqrt{1-\dfrac{V^2}{c^2}}} \quad と \quad -\frac{1}{\sqrt{1-\dfrac{V^2}{c^2}}}$$

の2つです。このどちらをとるべきかは、(2-11) 式からわかります。というのは、K′系の相対速度 V がゼロのときには当然 $x=x'$ となりますが、(2-11) 式を見ると、この条件を満たす A は、符号がプラスの平方根のみであることがわかります（$V=0$ の場合は $B=-AV=0$）。よって、

$$A=\frac{1}{\sqrt{1-\dfrac{V^2}{c^2}}}$$

となります。

R については、(2-22) 式の平方根なので

$$\frac{1}{\sqrt{1-\dfrac{V^2}{c^2}}} \quad と \quad \frac{-1}{\sqrt{1-\dfrac{V^2}{c^2}}}$$

の2つが解の候補です。このどちらをとるべきかは、(2-12) 式からわかります。K′系の相対速度 V がゼロのときには慣性系 K と K′ は一致するので、$t=t'$ となります。(2-12) 式でこの条件を満たすのは、符号がプラスの平方根のみであることがわかります（$V=0$ の場合は (2-20) 式より $Q=0$）。よって、

$$R = A = \frac{1}{\sqrt{1-\dfrac{V^2}{c^2}}} \qquad (2\text{-}23)$$

が得られます。

　(2-16) 式を整理して左辺に Q をまとめて、(2-23) 式を代入すると、

$$\begin{aligned}Q &= -\frac{A^2 V}{c^2 R} \\ &= -\frac{VA}{c^2} \\ &= -\frac{V}{c^2} \frac{1}{\sqrt{1-\dfrac{V^2}{c^2}}} \qquad (2\text{-}24)\end{aligned}$$

となり、Q が求められました。

　(2-23) 式と (2-24) 式は形が似ていますが、もっと簡単に書くために次のような変数 β（ベータ）と γ（ガンマ）を導入します。

$$\beta \equiv \frac{V}{c} \qquad (2\text{-}25)$$

$$\gamma \equiv \frac{1}{\sqrt{1-\dfrac{V^2}{c^2}}} = \frac{1}{\sqrt{1-\beta^2}} \qquad (2\text{-}26)$$

この 2 つの変数の導入によって、(2-23) 式と (2-24) 式

は

$$A = R = \gamma, \quad Q = -\frac{\beta\gamma}{c}$$

となります。

これらを使って（2-11）式と（2-12）式を書き直すと

$$\begin{aligned}x' &= Ax - AVt \\ &= \gamma(x - c\beta t) \quad\quad \text{(L-1)}\end{aligned}$$

$$\begin{aligned}t' &= Qx + Rt \\ &= -\frac{\beta\gamma}{c}x + \gamma t \\ &= \gamma\left(t - \frac{\beta}{c}x\right) \quad\quad \text{(L-2)}\end{aligned}$$

となります。これで、慣性系K′の変数x'とt'が、慣性系Kの変数xとtの関数として求められました。座標変換を表す式が求められたことになります。

この両式で表される変換を**ローレンツ変換**と呼びます。式の番号もLorentzにちなんで本書では（L-1）と（L-2）にしました。この変換をアインシュタイン変換と呼ばないのは、アインシュタインより早くローレンツがこの変換式を導いたからです。ローレンツは、マイケルソン・モーレーの実験を説明するために、このような変換式を考え出しました。

ある物理現象を観測したときに、本質的な機構は不明で

も、現象を描写する数式を導ける場合があります。そのような理論を**現象論**と呼びます。ローレンツはこの変換式を現象論的に導きました。しかしアインシュタインはここで見たように、光速一定の原理を仮定することでこの変換式を導き、その物理的な意味を与えました。相対性理論がローレンツではなく、アインシュタインの業績とされているのは、このアインシュタインの独創的な理論の枠組みによります。

なお、ここではK系からK'系を見た場合を考えましたが、逆の変換も考えておきましょう。K'系からK系を見ると、K系は$-V$で進んでいるので、これは、(L-1) 式と (L-2) 式でVを$-V$に変え、x、tとx'、t'を交換すればよいだろうと推論できます。よって、

$$x = \gamma(x' + c\beta t') \qquad \text{(R-1)}$$
$$t = \gamma\left(t' + \frac{\beta}{c}x'\right) \qquad \text{(R-2)}$$

となります。本書では、これを**ローレンツ逆変換**と呼ぶことにします。式の番号は、「逆 (Reverse)」からとって (R-1) と (R-2) にしました。

この (L-1)、(L-2) 式と (R-1)、(R-2) 式は、相対性理論にとって最重要の数式です。読者のみなさんは早くも最重要点に到達したことになります。

■ローレンツ変換の適用範囲

変数x, y, z, tとx', y', z', t'の間に成り立つローレンツ

変換が導けました。さてここで、このローレンツ変換が光の波面だけに成り立つのか、それとも光以外の何かにも成り立つのかという疑問が生じます。ローレンツ変換を導く際に、光の波面のことしか考えていなかったからです。しかし、後に第8章で見るように、アインシュタインはローレンツ変換を電磁気学のマクスウェル方程式に適用しました。その結果、光だけでなく、電場や磁場の間にもローレンツ変換が成り立つことがわかりました。光は電磁波の一種であり、電場と磁場が組み合わさって発生します。とすると、電場と磁場にローレンツ変換が成り立つので、その結果として両者によって合成された電磁波にもローレンツ変換が成り立つと解釈できます。

　物質でも粒子でもない電場や磁場にローレンツ変換が成り立つということは、ローレンツ変換は電場や磁場を構成する時空間に成り立つ関係であるということになります。さらに、ローレンツ変換が「ある慣性系の時空間」と「別の慣性系の時空間」の間で成立するとするならば、それぞれの慣性系の時空間を運動する粒子はすべてローレンツ変換の影響をうけるだろうと予想できます。この予想が正しいかどうかは、もちろん実験の検証をうける必要があります。そして、後で示すミュー粒子の例などに見られるように多くの実験結果がその正しさを証明することになりました。

　さて本章では、アインシュタインの独創的な考えのもとにローレンツ変換を導きました。このローレンツ変換こそ

は、相対性理論の最重要の数式です。読者のみなさんはこの導出によって、まさに相対性理論の世界に踏み込んだことになります。このローレンツ変換がどのような性質を持つのか、さっそく次章で見てみましょう。

光速をどうやって測ったか?

　人間が五感で知覚できる物理現象の中で、波であるものには光と音があります。音の速さがそれほど速くないことは、やまびこなどで体感できます。山に登って「ヤッホー」と叫ぶと「ヤッホー」が戻ってくるまで数秒かかります。あるいは、現代人にとっては、飛行機の音を聞いて空を見上げたとき、見える飛行機の位置と音源の位置がずれていることや、雷が光ってから音が聞こえるまで時間差があることから、音速の方が光速より遅いことが体験できます。

　光の速さの測定にはガリレイも挑戦しましたが、失敗しました。最初に光の速さの測定に成功したのは、フランスのフィゾー（1819〜1896）（写真）でした。1849年に回転歯車を使って光速を求めました。得られた値は秒速31万3000kmで、現在の値の秒速29万9700km（真空中）と少し異なりますが、最初の実験としては十分精度の高

イッポリート・フィゾー
©Photo12

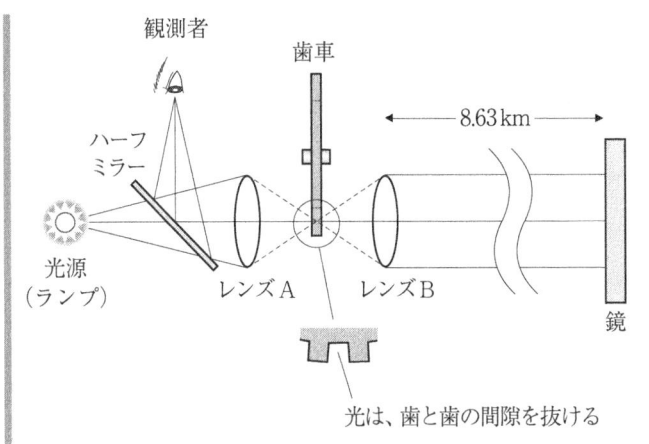

第2章 相対性理論の登場——アインシュタインの独創

図2-2 フィゾーによる光速を求める実験

いものでした。

　フィゾーは直線距離で 8.63km 離れたところに鏡を置き、往復で 17.26km を走る光の時間を測りました（図2-2）。ランプからの光をレンズ A で集光し、その焦点を歯車の歯の間隙にあわせます。歯の間隙を抜けた光をレンズ B で平行光線に戻し、8.63km 離れた鏡で反射させ、反射光を再びレンズ B で集光し、歯車の歯の間隙を通します。戻ってきた光がそのまま直進すると、ランプと重なるので、途中にハーフミラーを置いて、光の半分を反射させて観測します。歯車が停止していて光が歯と歯の間隙を抜けるときには、反射光は出射光と同じ間隙を抜けて戻り観測者には明るく見えます。次に、歯車の回転速度を徐々に速くしていくと、やがて反射光は歯車にさえぎられて、戻れなくなり、観測者には暗く見えます。そしてさらに回転速度を速くすると、反射光は

次の間隙を抜けて戻れるようになり、観測者には再び明るく見えます。歯車の回転速度がゼロからスタートして速くなるにつれて観測者から見た明暗は次のように変化します。

歯車の回転速度	静止 → ゆっくり → 速い
観測点	明 → 暗 → 明

観測者に暗く見える条件は、歯車が歯と歯の間隔の半分だけ回転する時間と、光が歯車と鏡の間を1往復する時間が等しくなる場合です。フィゾーの実験では、歯車の歯の数は720個で、毎秒12.6回転のときに観測点が暗くなりました。光の往復時間は

$$1s \div 毎秒の回転数 \div 歯の数 \div 2$$

なので（sは秒を表す単位）、これで距離の 17.26km を割れば、光速が求められます。フィゾーの実験での数値を使って光速を求めると

$$17260 \text{ m} \div \frac{1}{12.6 \times 720 \times 2} \text{s} = \frac{17260 \text{m}}{5.51 \times 10^{-5} \text{s}} = 3.13 \times 10^8 \text{ m/s}$$

となります。

　ブラッドレーによる光行差の観測から公転速度が光速の1万分の1であることはわかっていたので、このフィゾーの実験によって、地球の公転速度がほぼ秒速 30km であることが明らかになりました。

第3章

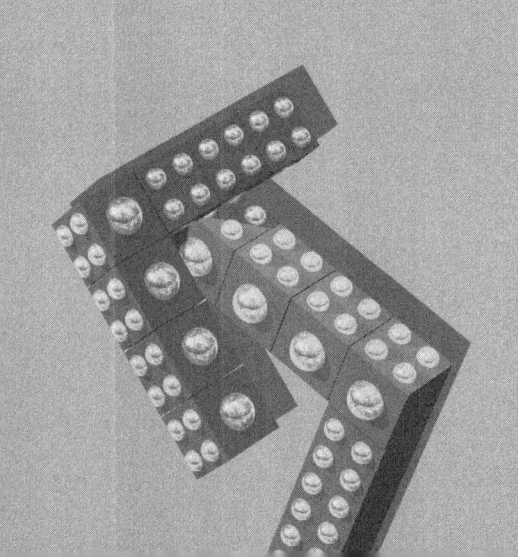

ローレンツ変換が教える異様な時空間
—— そこには常識と異なる世界があった

■常識について

　人間は地球上での普段の生活の中で、「そんなことはあたりまえ」という常識を知らず知らずのうちに体得していきます。科学の歴史においては、それらの常識を「なぜ？」と疑い、さらに根源的な法則をその下に見つけることがしばしばありました。

　例えば、リンゴが木から地面に向かって落ちるのは、あたりまえのことです。しかし、ニュートンは「なぜ落ちるのか？」という疑問を抱き、やがて重力の存在に気づきました。そしてさらに地球とリンゴの間に働く重力は、質量をもつあらゆる物体の間に働く万有引力であることを発見しました。「なぜ？」という問いを何回か繰り返すと、それ以上は分解できない基本的な関係に行き着きますが、物理学では多くの場合にそれを**原理**や**法則**と呼びます。

　本質的なメカニズムがわからなくても、実験結果に現れる物理量の関係を近似式で表す理論が現象論です。ローレンツ変換は、マイケルソン・モーレーの実験を説明するために、ローレンツが現象論的に導き出しました。これに対してアインシュタインは、もっと根本的な光速一定の原理からローレンツ変換を導きました。アインシュタインの理論的枠組みにおいては、ローレンツ変換の適用範囲はマイケルソン・モーレーの実験での光の伝搬にとどまらず、この時空間全体が対象となります。このローレンツ変換を時空間全体が持っている性質だと考えると、私たちが日常体験の延長線上において常識だと思っていたことが常識ではなくなってきます。その世界をこれから見てみましょう。

第3章 ローレンツ変換が教える異様な時空間
　　　——そこには常識と異なる世界があった

■時間の遅れ

　ローレンツ変換が、私たちの常識に変更を迫る最大のものは時間の流れ方です。相対性理論の登場以前には、宇宙のどこでも時間は同じように流れると考えられていたわけです。ところが、慣性系 K の時間の流れ方と、K 系に対して相対速度 V で移動している別の慣性系 K′ では、時間の流れ方は同じではなくなります。

　ここでは「動いている慣性系の時間の遅れ」という興味深い現象を、ローレンツ変換を使って導いてみましょう。K 系で時間が t_0 から t_1 まで経過したときに、K′ 系の座標 x' での時間が t'_0 から t'_1 まで経過したとします。時間が現れるローレンツ逆変換は（R-2）式です。

$$t = \gamma\left(t' + \frac{\beta}{c}x'\right) \qquad \text{(R-2)}$$

これを使うと、これらの時間関係は次の2つの式で示されます。

$$t_0 = \gamma\left(t'_0 + \frac{\beta}{c}x'\right)$$

$$t_1 = \gamma\left(t'_1 + \frac{\beta}{c}x'\right)$$

これからK′ 系の座標 x' での時間が t'_0 から t'_1 まで経過したとき、K 系での経過時間 $t_1 - t_0$ は

$$t_1 - t_0 = \gamma\left(t'_1 + \frac{\beta}{c}x'\right) - \gamma\left(t'_0 + \frac{\beta}{c}x'\right)$$
$$= \gamma(t'_1 - t'_0)$$
$$= \frac{t'_1 - t'_0}{\sqrt{1-\beta^2}} \qquad (3\text{-}1)$$

となります。慣性系の間の相対速度が $V \neq 0$ の場合には $\sqrt{1-\beta^2} < 1$ なので、K′系の座標 x' での時間が t'_0 から t'_1 まで経過したときのK系での時間経過 $t_1 - t_0$ は、$t'_1 - t'_0$ より長くなります。例えば、$\beta = 0.5$ の場合は、$\sqrt{1-\beta^2} = 0.866$ となるので、K′系での時間経過が866秒のとき、K系では1000秒経過するので、K系から見ると、動いているK′系の時計が134秒遅れて見えることになります。これが「動いている慣性系の時間の遅れ」です。動いている慣性系の時間が遅れるということは、それまで信じられてきた「時間の流れ方は宇宙のどこでも同じである」という観念が崩れることを意味します。これが、世界に大きな衝撃を与えました。

さてここで少し考えると、新たなパラドックスに陥ります。というのは、K′系からK系を見ると、K系が相対速度 $-V$ で移動しているように見えるはずです。ニュートン力学では「絶対的に静止した座標系」で運動を考えました。しかし、地球は太陽に対して動いていて、その太陽も銀河の中で動いていて、その銀河もまた宇宙の中で動いているわけですから、私たちの近くで「絶対的に静止した座標系」を見つけることは不可能です。したがって、すべて

の運動はいずれかの座標系を基準にして、その座標系での相対運動として観測されるということになります。動いているか、動いていないかも、観測に使われる座標系によって異なるということになります。K′系を基準にして、K系の座標 x での時間が t_0 から t_1 まで経過したときのK′系での経過時間を同様に求めると

$$t'_1 - t'_0 = \gamma\left(t_1 - \frac{\beta}{c}x\right) - \gamma\left(t_0 - \frac{\beta}{c}x\right)$$
$$= \gamma(t_1 - t_0)$$
$$= \frac{t_1 - t_0}{\sqrt{1-\beta^2}} \quad (3\text{-}2)$$

となります。これは、先ほどとは逆にK′系から見ると「動いているK系の時計が遅れて見える」ことになります。つまり、(3-1) 式と (3-2) 式は、「どちらも動いている相手側の時間が遅れる!!!」という奇妙な関係になります。慣性系KからK′系を見るとK′系は遅れていて、慣性系K′からK系を見るとK系は遅れることになります。これは明らかに矛盾しているように感じられます。いったい本当に時間が遅れるのはどちらなのでしょうか？

このパラドックスの中身をわかりやすくするために「双子のパラドックス」というお話が作られました。双子の兄弟のうち、兄が光速に近い超高速で地球から離れる宇宙船に乗り、弟が地球に残るという仮想のお話です。双子なので兄が宇宙船に乗る時の2人の年齢は全く同じです。しかし、宇宙船が超高速で地球から離れ始めると、兄から見る

図3-1 双子のパラドックス

と弟の方が時間の経過が遅くなり、弟から見ると兄の方が時間の経過が遅くなります。では、はたして本当に時間の流れが遅くなって、相対的に若くなるのはどちらなのでしょうか。これが双子のパラドックスです（図3-1）。

もっとも、この例では、両者は一定の相対速度で離れて行くので、両者が再び出会うことはないわけです。したがって、両者にとって相手側の時間が遅れるとしても、再会しないわけですから、どちらが遅れているかを確かめることはできません。

そこで、超高速の宇宙船に乗って地球から離れた兄が、やがて反転して地球に戻って来ることにしましょう。この再会のときに、どちらの時計が遅れてどちらが若いのかを考えてみましょう。ただし、このパラドックスの解明には、次章で登場する**ミンコフスキー空間**と呼ばれる空間の助けを要します。そこで本書では、次章でミンコフスキー空間をマスターした後に、第6章でこの謎を解明することにします。

第3章 ローレンツ変換が教える異様な時空間
——そこには常識と異なる世界があった

■時間の遅れの実験的証拠

 物理学において、ある理論が正しいかどうかは、実験結果を説明できるかどうかで判断されます。それも単に物理現象の性質を言葉で論理的に説明できる(これを**定性的説明**と言います)だけでは不十分です。実験によって測定された物理量の値と、理論に基づく数式が弾き出す値が一致する(これを**定量的な一致**と呼びます)必要があります。

 相対性理論の正しさも、実験結果と比べて検証する必要があります。では、この時間の遅れをどのように実験的に証明すればよいのでしょうか。人類はまだ、光速に近い速度で飛ぶ宇宙船の開発には成功していません。1960年代から70年代に活躍したアポロ宇宙船や、2007年に日本が打ち上げた月周回衛星かぐやの(対地)速度は秒速10.5kmでした。光速に比べるとまだまだはるかに遅いということになります。

 実は宇宙船ではなく、宇宙線がその正しさを証明してくれました。しかもこの宇宙線は、日本人で最初のノーベル賞受賞者である湯川秀樹(1907〜1981)と少し関わりがあります。

 20世紀の初頭に、相対性理論とほぼ同時期に登場した重要な物理学が量子力学です。量子力学は原子の姿を解明し、さらに原子の中心に位置する原子核の構造の解明に挑戦しました。しかし、やがて1つの壁にぶつかりました。水素以外の原子では、原子核の中にプラスの電荷を持つ陽子が複数個あります。プラスの電荷を持つ陽子の間には、電気的な反発力(クーロン力)が働きます。原子核はとて

も小さいので、その小さな空間の中に陽子を閉じ込めると、反発力はとても大きくなり、陽子を原子核の中に閉じ込められなくなるはずです。粒子の間に働く力は、当時はクーロン力と万有引力しか知られていませんでした。したがって、どのような引力が複数の陽子の間に働いているかは全く謎でした。この難問を解いたのが、湯川秀樹です。湯川は陽子や中性子を結びつける粒子として、**中間子**と呼ぶ新しい粒子の存在を仮定しました。この中間子のキャッチボールによって引力が生じると考えたのです。

湯川の中間子論の発表は1935（昭和10）年で、その2年後に中間子ではないかと疑われる粒子が宇宙線の中に見つかりました。それがミュー粒子（ミューオン）で、本節の主題の相対性理論の効果を実験的に証明してくれる粒子になりました。しかし、ミュー粒子は中間子ではないことがやがて明らかになりました。1947年にイギリスのパウエル（1903〜1969）らが気球を使って感光板を高高度に上げて宇宙線の軌跡をとらえ、その中に中間子を発見しました。湯川とパウエルは、それぞれ1949年と1950年のノーベル物理学賞を受賞しました。

宇宙線は太陽の表面の爆発などで発生した高速度の粒子で、約9割が陽子で、1割弱がヘリウムの原子核であるアルファ粒子です。これらを1次宇宙線と呼びます。1次宇宙線が地球の大気圏に突入すると、空気中の原子と衝突し、中間子やミュー粒子などの様々な粒子を発生させます。それが2次宇宙線です。中間子は高高度で発生し地表までは到達しませんが、ミュー粒子は地上まで到達しま

第3章 ローレンツ変換が教える異様な時空間
——そこには常識と異なる世界があった

す。1cm²あたり1分間に1個という高い頻度です。私たちの体にもミュー粒子が降り注いでいますが、人間の五感では知覚できません。

ミュー粒子の観測には、シンチレーターを使った検出器を使います。シンチレーターとは電荷を持った粒子が通過すると発光する物質のことです。ミュー粒子は電荷を持っているので、シンチレーターを通過すると発光し、この発光を隣接した光センサーでとらえます。ミュー粒子の運動エネルギーが大きい(つまり速度が速い)ほど発光が強くなるので、発光の強度からミュー粒子の速度がわかります。

図3-2はシンチレーター(数cm角から数十cm角)を

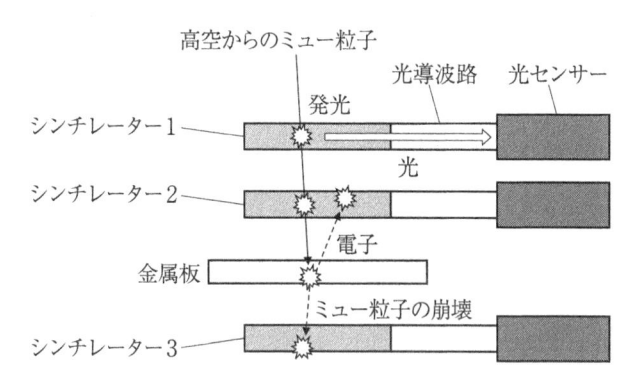

シンチレーターを電荷を持った粒子が通過すると発光します。この発光は隣接した光センサーでとらえます。ミュー粒子が金属板で止まった場合は、シンチレーター3は光らず、金属板中のミュー粒子は有限の時間で崩壊して電子を放出し、シンチレーター2または3を光らせます。

図3-2 シンチレーターを使ったミュー粒子の寿命の測定

3セット使って、「ほぼ静止したミュー粒子の寿命を測る測定装置」です。シンチレーター2と3の間にアルミや鉄の板（厚さ1cm程度）を入れます。ミュー粒子がシンチレーター1と2を通過した場合は、ほぼ同時にこの2つのシンチレーターが光ります。一方、ミュー粒子がシンチレーター1と2を通過して金属板で止まった場合は、シンチレーター3は光りません。この場合には、金属板で止まったミュー粒子は有限の時間で崩壊して電子を放出します。この電子がシンチレーター2または3を通過すると、シンチレーターが発光します。金属板で止まってから崩壊するまでの時間を測れば、ほぼ静止したミュー粒子の寿命がわかります。

ミュー粒子は、1cm^{2}あたり1分間に1個という高い頻度で飛来するので、シンチレーターが光った事象をすべてパソコンなどに記憶させ、あとで「シンチレーター1と2はほぼ同時に光るが、シンチレーター3は光らず、それから時間遅れがあって、シンチレーター2または3が光った」という事象だけを集めて、その時間遅れを解析すれば、ミュー粒子の寿命がわかります。

地上まで到達してほぼ運動エネルギーを失ったミュー粒子の場合には、2.2μs（マイクロ秒：10^{-6}s）の寿命で崩壊し別の粒子になることがこの測定でわかりました。ミュー粒子は地上6kmほどの高空から光速の99%程度という超高速で地上に達しますが、問題は、この超高速でも単純に計算すると2.2μsの間には0.6km程度しか進めないこと

です。例えば光速の99.5％のときには

$$秒速30万\text{km} \times 0.995 \times 2.2\mu\text{s} = 0.657\text{km}$$

になります。つまり、単純に考えると、地表まで到達する前に崩壊してしまうことになります。

この謎に答えるのが、相対性理論による「動いている物体の時間の遅れ」です。ミュー粒子が光速の99.5％の速度で飛来するときには、

$$\gamma = \frac{1}{\sqrt{1-\beta^2}} = \frac{1}{\sqrt{1-0.995^2}} = 10.0$$

となり、時間は10倍遅く流れることになります。したがって、地上の時計で$2.2\mu\text{s}$が経過し、ミュー粒子が0.66km飛行した時点でも、光速の99.5％の速度で飛んでいるミュー粒子では、その10分の1の時間の$0.22\mu\text{s}$しか経過していないことになります。よって、ミュー粒子の時間で$2.2\mu\text{s}$が経過したときには、6.6kmを飛行することになります。

なおここでの寿命の定義は、時間ゼロに仮にミュー粒子が100個あったとして、それが図3-3のように37個にまで減少する時間のことです。時間ゼロにN_0個のミュー粒子があったとすると、その個数Nは次式のような指数関数に従って減少していきます。

$$N = N_0 e^{-\frac{t}{\tau}}$$

ここで指数関数の肩の項のτが寿命です。時間$t=\tau$に

$$N = N_0 e^{-\frac{t}{\tau}} = N_0 e^{-\frac{t}{2.2\,\mu s}}$$

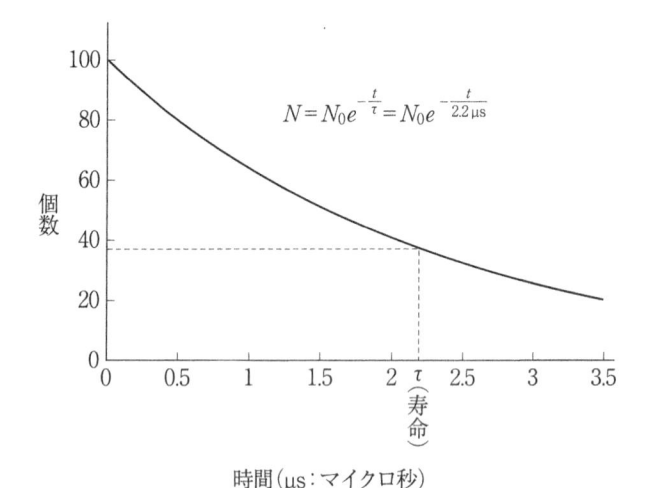

時間（μs：マイクロ秒）

図3-3　ミュー粒子の寿命

は、最初の個数 N_0 の $e^{-1}=0.368$ 倍になっています。したがって、最初に100個のミュー粒子があったとすると、$t=\tau$ には37個に減っています。図3-3から $3\mu s$ 後にも20個以上のミュー粒子が残っていることがわかりますが、この間にミュー粒子は9kmを飛行しています。したがって、相対性理論による「時間の遅れ」を考慮に入れると、寿命が $2.2\mu s$ のミュー粒子でも地上に到達することがわかり、観測結果を説明できます。

■ローレンツ収縮

　相対性理論では、時間の遅れの他に「動いている物体の長さが縮む」という面白い現象も現れます。これは、K

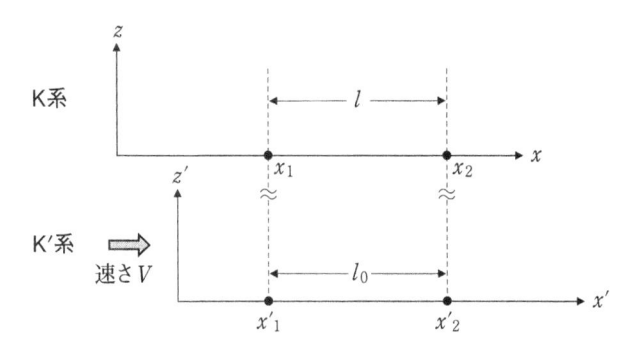

第3章 ローレンツ変換が教える異様な時空間
　　　——そこには常識と異なる世界があった

図3-4 動いている慣性系K′の長さl_0を慣性系Kで測る

系から、K′系のx'座標の長さを観測するとその長さ（距離）が縮んで見える現象です。この不思議な現象もローレンツ変換を使って導いてみましょう。

K′系のx'軸上の座標をx'_1とx'_2とし、K系で測定したそれぞれの座標をx_1とx_2とします。また、K′系で測った長さをl_0としましょう（図3-4）。式で書くと

$$l_0 = x'_2 - x'_1 \quad (3\text{-}3)$$

です。このx'_1とx'_2をK系の時間tに測った座標が$x_1(t)$と$x_2(t)$であるとし、その長さを $l = x_2(t) - x_1(t)$ とします。ここでカッコを付けて$x_1(t)$や$x_2(t)$と書いたのは、時間tで測定した値であることを明示するためです。

ローレンツ変換を表す（L-1）式を使うとx'_1とx'_2は

$$x'_1 = \gamma\{x_1(t) - c\beta t\}, \quad x'_2 = \gamma\{x_2(t) - c\beta t\}$$

なので、これらを（3-3）式に代入すると、

69

$$l_0 = x'_2 - x'_1 = \gamma\{x_2(t) - c\beta t\} - \gamma\{x_1(t) - c\beta t\}$$
$$= \gamma\{x_2(t) - x_1(t)\}$$
$$= \gamma l$$
$$= \frac{l}{\sqrt{1-\beta^2}}$$

となります。よって、

$$l = l_0\sqrt{1-\beta^2} \quad (3\text{-}4)$$

となります。$V \neq 0$ の場合には $\sqrt{1-\beta^2} < 1$ なので、l は l_0 より小さくなります。つまり、K系で、K′系の x 方向の長さを測ると短くなります。この現象を**ローレンツ収縮**と呼びます。

第1章の終わりで、ローレンツが「動いている物体の長さが縮む」という仮説を提案したと述べました。本節でのK系を「太陽系に対して静止した慣性系」と見なし、またK′系を「地球上の慣性系」と見なし、長さ l_0 を「マイケルソン・モーリーの実験系のハーフミラーから鏡1までの距離」と見なすと、マイケルソン・モーリーの実験に対応します。ローレンツは実験結果を説明するために、(3-4)式の導入を提案しました。しかし、現象論的に導いた式なので、「なぜ縮むのか？」という問いには答えられませんでした。相対性理論では、ローレンツ収縮が光速一定の原理のもとで導かれたことになります。

第3章 ローレンツ変換が教える異様な時空間
　　　――そこには常識と異なる世界があった

■速度の合成

　ローレンツ変換によって導かれるおもしろい関係に、「速度の合成」があります。速度の合成の何がおもしろいんだろうと、疑問に思う読者も少なくないと思いますが、先に進んでみましょう。

　速度の合成について考えるために、K_0系と、K_0系に対してx軸の正の方向に速さV_1で移動している慣性系K_1と、K_1系に対してx軸の正の方向に速さV_2で移動している慣性系K_2の計3つの慣性系を考えます。この場合のK_0系に対するK_2系の相対速度を求めてみましょう。ニュートン力学ではこれは簡単で、ガリレイ変換に従うので相対速度は

$$V_1 + V_2$$

となります。この式は私たちの日常生活での体験とよく一致します。

　例えば、時速40kmで進んでいる電車の中を時速2kmで進行方向に歩く人がいるとすると、その人の地面に対する相対速度はこの2つを足して42kmになります（図3-5）。相対性理論では速さが光速に近づくにつれて、この単純な足し算からずれていきます。例えば、V_1とV_2がともに光速の半分だとすると、ガリレイ変換ではこの和は光速に等しくなりますが、相対性理論では大きく異なります。相対性理論での「速度の合成」を考えてみましょう。

　ローレンツ変換を表す（L-1）式と（L-2）式をこれらの3つの慣性系に使います（図3-6）。まず、慣性系K_0と

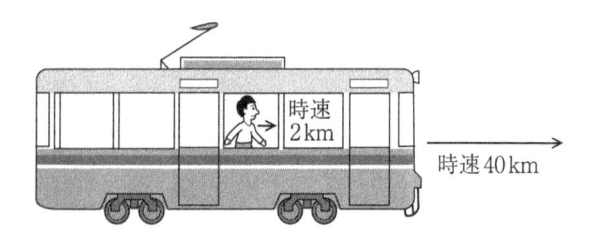

(地面に対して)時速40kmで進んでいる電車の中を
(電車に対して)時速2kmで進行方向に歩く人の
地面に対する速度は、この2つを足して42kmになります。

$$時速40km + 時速2km = 時速42km$$

図3-5 身近な速度の合成の例

K_0系

K_0系に対する相対速度 V_1

K_1系

K_1系に対する相対速度 V_2

K_2系

このときK_2系のK_0系に対する相対速度はV_1+V_2か？

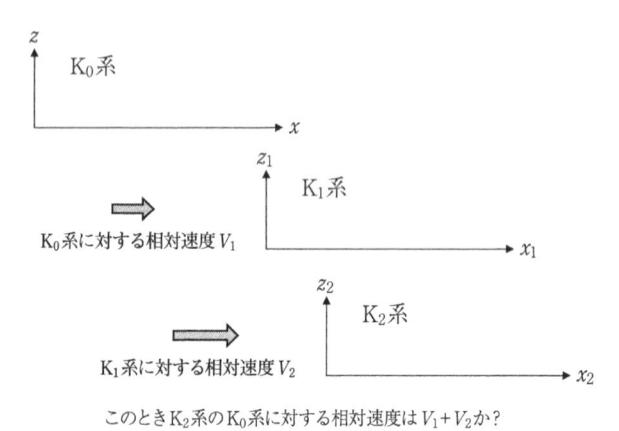

図3-6 速度の合成——3つの慣性系を考える

第3章 ローレンツ変換が教える異様な時空間
　　　——そこには常識と異なる世界があった

K_1 の間のローレンツ変換は、

$$x_1 = \gamma_1 (x_0 - c\beta_1 t_0) \qquad (3\text{-}5)$$

$$t_1 = \gamma_1 \left(t_0 - \frac{\beta_1}{c} x_0\right) \qquad (3\text{-}6)$$

です（ここで $\beta_1 \equiv V_1/c$)。次に慣性系 K_1 と K_2 の間のローレンツ変換は

$$x_2 = \gamma_2 (x_1 - c\beta_2 t_1) \qquad (3\text{-}7)$$

$$t_2 = \gamma_2 \left(t_1 - \frac{\beta_2}{c} x_1\right) \qquad (3\text{-}8)$$

です（ここで $\beta_2 \equiv V_2/c$)。この (3-5) 式と (3-6) 式を (3-7) 式に代入して x_1 と t_1 を消しましょう。すると

$$\begin{aligned}
x_2 &= \gamma_1 \gamma_2 (x_0 - c\beta_1 t_0) - c\beta_2 \gamma_1 \gamma_2 \left(t_0 - \frac{\beta_1}{c} x_0\right) \\
&= \gamma_1 \gamma_2 (1 + \beta_1 \beta_2) x_0 - c\gamma_1 \gamma_2 (\beta_1 + \beta_2) t_0 \\
&= \gamma_1 \gamma_2 \{(1 + \beta_1 \beta_2) x_0 - c(\beta_1 + \beta_2) t_0\} \\
&= \frac{1}{\sqrt{1-\beta_1^2}} \frac{1}{\sqrt{1-\beta_2^2}} \{(1 + \beta_1 \beta_2) x_0 - c(\beta_1 + \beta_2) t_0\} \\
&= \frac{1 + \beta_1 \beta_2}{\sqrt{1-\beta_1^2}\sqrt{1-\beta_2^2}} \left(x_0 - c\frac{\beta_1 + \beta_2}{1 + \beta_1 \beta_2} t_0\right) \qquad (3\text{-}9)
\end{aligned}$$

となります。β_1 と β_2 が入った係数が2つありますが、それぞれを $\beta_1 = V_1/c$ と $\beta_2 = V_2/c$ の関係を使って、V_1 と V_2 で書いてみましょう。まずカッコの中の t_0 の前の係数

は

$$c\frac{\beta_1+\beta_2}{1+\beta_1\beta_2}=\frac{V_1+V_2}{1+\dfrac{V_1V_2}{c^2}} \quad (3\text{-}10)$$

となります。次に、カッコの前の係数は

$$\frac{1+\beta_1\beta_2}{\sqrt{1-\beta_1^2}\sqrt{1-\beta_2^2}}=\frac{1+\beta_1\beta_2}{\sqrt{1-\beta_1^2-\beta_2^2+\beta_1^2\beta_2^2}}$$

$$=\frac{1+\beta_1\beta_2}{\sqrt{(1+\beta_1\beta_2)^2-2\beta_1\beta_2-\beta_1^2-\beta_2^2}}$$

$$=\frac{1}{\sqrt{1-\dfrac{2\beta_1\beta_2+\beta_1^2+\beta_2^2}{(1+\beta_1\beta_2)^2}}}$$

$$=\frac{1}{\sqrt{1-\dfrac{(\beta_1+\beta_2)^2}{(1+\beta_1\beta_2)^2}}}$$

となり、(3-10) 式の両辺を c で割って、この分母に代入すると

$$=\frac{1}{\sqrt{1-\left(\dfrac{1}{c}\dfrac{V_1+V_2}{1+\dfrac{V_1V_2}{c^2}}\right)^2}} \quad (3\text{-}11)$$

となります。

これで、(3-9) 式の2つの係数が求められたので、(3-10) 式と (3-11) 式を (3-9) 式に代入すると、

$$x_2 = \frac{1}{\sqrt{1-\left(\frac{1}{c}\frac{V_1+V_2}{1+\frac{V_1 V_2}{c^2}}\right)^2}}\left(x_0 - \frac{V_1+V_2}{1+\frac{V_1 V_2}{c^2}}t_0\right)$$

となります。これをローレンツ変換を表す (L-1) 式と比べると (あるいは、(3-5) 式または (3-7) 式と比べると)、t_0 の前の係数 (= (3-10) 式) が K_0 系と K_2 系を関係づける $c\beta$ に相当する量であることがわかります。(L-1) 式では $c\beta = V$ で相対速度を表すので、この係数

$$\frac{V_1+V_2}{1+\frac{V_1 V_2}{c^2}} \qquad (3\text{-}12)$$

も速さを表します。つまり、これは V_1 と V_2 を足し合わせた場合の速さを表していて相対性理論での速度の合成則 (速度の合成の法則) を表しているのです。V_1 と V_2 が光速に比べてずっと遅いときには、分母の $\frac{V_1 V_2}{c^2}$ はゼロに近づくでしょう。その場合は、

$$(3\text{-}12) = V_1 + V_2$$

となって、ニュートン力学の速度の合成則と同じになります。しかし、V_1 と V_2 が光速に近づくと、(3-12) 式の分

母の $\dfrac{V_1 V_2}{c^2}$ の項は無視できなくなるので、ニュートン力学の合成則とは異なるのです。

この V_1 と V_2 が光速に近づく場合を見てみましょう。簡単のために $V = V_1 = V_2$ の場合を考えます。その場合は、

$$(3\text{-}12) = \dfrac{2V}{1 + \dfrac{V^2}{c^2}}$$

となります。V をゼロから光速に増やしていった場合をグラフにしたのが図3-7です。横軸が V で縦軸が合成された速度です。$V = 0.5c$ の場合には、ニュートン力学では、合成された速度は c になり光速に達しますが、相対

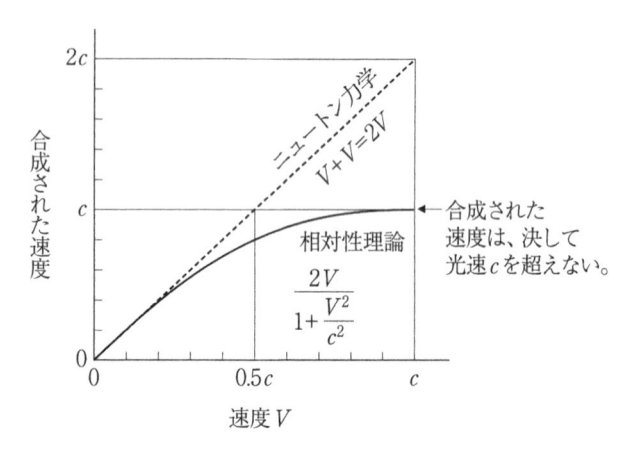

図3-7 速度の合成の例——合成された速度は光速を超えない

性理論ではこの図のように、c より小さい値になります。また、V が $0.5c$ を超えても、合成された速度は光速に近づいてはいくものの、決して光速を超えないことがわかります。

■ドップラー効果

本章の最後でドップラー効果を見ておきましょう。ドップラー効果という言葉は知らなくても、次のような経験のある方は多いでしょう。それは、目の前を救急車が通り過ぎるときに、ピーポーピーポーという警告音の高さが、近づいてくるときと遠ざかるときでは明らかに違って、遠ざかるときに低くなることです。これがドップラー効果で、音源が観測者に近づいているときより、遠ざかるときの方が、音の周波数が低くなります。

ドップラー（1803～1853）はオーストリアの物理学者で、船が進むとき水面に前方からぶつかる波を見たことで、ドップラー効果の着想を得ました。波の方向と船の進行方向が向かい合っているときには、船にぶつかる波の数が増えるのに対して、波の方向と船の進行方向が同じときには、船にぶつかる波の数が相対的に減ることに気づきました。ドップラーは星の光の波長が、星の地球に対する相対速度によって変化する可能性があることを1842年に計算で示しました。

このときドップラーは、星のドップラー効果の計算にガリレイ変換を使ったのですが、光速一定の原理を考慮すると、ガリレイ変換ではなくローレンツ変換を使ってドップ

ラー効果を計算する必要があります。ここでは簡単のために x 方向に進む光の波を考えましょう。光源は慣性系 K に静止しているとします。波は次式のサイン波（三角関数の sin で表される波）で表します。

$$\sin(\omega t - kx)$$

ここで ω は角振動数で、振動数 ν に 2π をかけた量です。

$$\omega = 2\pi\nu \quad (3\text{-}13)$$

k は波数で、単位長さあたりの波の数 $1/\lambda$ に 2π をかけた量です（λ は波長です）。波数と波長、振動数と、角振動数（＝周波数）の間には次の関係が成り立ちます。

$$k = \frac{2\pi}{\lambda} = \frac{2\pi\nu}{c} = \frac{\omega}{c} \quad (3\text{-}14)$$

K 系とは異なる慣性系 K′ 系でこの光を観測したらどのようになるかが、ここで知りたいことです。K′ 系で観測した場合の光の波を

$$\sin(\omega' t' - k'x')$$

と書くことにします。角振動数や波数にもダッシュをつけているのは、これらが K 系とは異なる可能性があるということです。

　K 系で観測しても K′ 系で観測しても、波の山は山であり、谷は谷であるので、次式のように、2 つのサイン波の位相は同じと置くことができます（図3-8）。

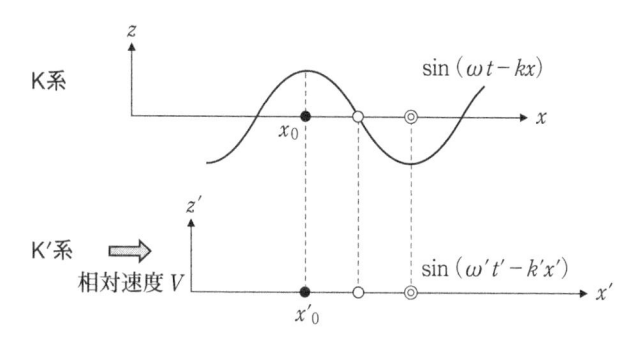

第3章 ローレンツ変換が教える異様な時空間
　　　　── そこには常識と異なる世界があった

K系の時間t_0の座標x_0にある波の山（●、位相$\pi/2$）をK'系で観測すると、時間t'_0の座標x'_0にこの山が観測されたとします。同一の山なので、位相は同じ$\pi/2$です。

$$\omega t_0 - k x_0 = \omega' t'_0 - k' x'_0 = \frac{\pi}{2}$$

この関係は、t_0とx_0が波の節（○、位相π）や谷（◎、位相$3\pi/2$）でも成り立つので、添え字の0を外して、一般のtとxに対して次式が成り立ちます。

$$\omega t - kx = \omega' t' - k' x'$$

図3-8　2つの系の波の位相の関係

$$\omega t - kx = \omega' t' - k' x'$$

この式は（3-14）式の関係を使うと

$$ckt - kx = ck't' - k'x' \qquad (3\text{-}15)$$

となります。x, t と x', t' の間にはローレンツ逆変換の（R-1）式と（R-2）式が成り立つので、左辺にこの2つの式を代入すると

$$左辺 = ck\gamma\left(t' + \frac{\beta}{c}x'\right) - k\gamma(x' + c\beta t')$$
$$= \gamma(ck - ck\beta)t' + \gamma(k\beta - k)x'$$
$$= c\gamma k(1-\beta)t' + \gamma k(\beta-1)x'$$

となるので、(3-15) 式は

$$c\gamma k(1-\beta)t' + \gamma k(\beta-1)x' = ck't' - k'x'$$

となります。任意の t' や x' でこの式が成り立つためには、それぞれの係数が等しくなければならないので

$$k' = \gamma k(1-\beta) \qquad (3\text{-}16)$$

が得られます。(3-14) 式の $k = \dfrac{2\pi\nu}{c}$ の関係と $\beta \equiv \dfrac{V}{c}$ を使うと (3-16) 式は

$$\frac{2\pi\nu'}{c} = \gamma \frac{2\pi\nu}{c}\left(1 - \frac{V}{c}\right)$$

$$\therefore \nu' = \nu\gamma\left(1 - \frac{V}{c}\right) = \nu \frac{1 - \dfrac{V}{c}}{\sqrt{1 - \left(\dfrac{V}{c}\right)^2}} \qquad (3\text{-}17)$$

となります。これがドップラー効果による振動数の変化を表す式です。

実際に数値を入れてみましょう。例えば、地球の公転速度の10倍の秒速300kmでK′系が x 方向に移動している

(K系から遠ざかっている)場合を計算してみましょう。秒速300kmは光速の1000分の1なので、

$$\nu' = \nu \frac{1 - 0.001}{\sqrt{1 - 0.001^2}} \approx \nu \frac{0.999}{\sqrt{1}} = 0.999\nu$$

となります。これはK系で振動数νの光をK′系で観測すると、その振動数ν'はνより0.1%減ることを意味します。

K′系がK系に$-V$で移動している(近づいている)ときはどうでしょうか。この場合は(3-17)式のVを$-V$に変えるだけなので、秒速300kmで近づいている場合は

$$\nu' = \nu \frac{1 + 0.001}{\sqrt{1 - 0.001^2}} \approx \nu \frac{1.001}{\sqrt{1}} = 1.001\nu$$

となり、振動数が0.1%増えることがわかります。

■赤方偏移と青方偏移

このドップラー効果が大きな発見をもたらしたのは、天文学の分野です。太陽光をプリズムを使って分光すると、特定の波長で暗い線が観測されることをイギリスのウォラストン(1766〜1828)が1802年に発見しました。ドイツのフラウンホーファー(1787〜1826)は12年後にウォラストンとは独立に同じ暗線を見つけ、数百本の暗線の波長を測定し、その見え方によって分類しました。特にくっきりと見える暗線には長波長側からアルファベットの大文字で

フラウンホーファー線

記号	元素	波長(nm)
A	酸素	759.370
B	酸素	686.995
C	水素	656.282
D_1	ナトリウム	589.594
D_2	ナトリウム	588.998
D_3	ヘリウム	587.562
E_2	鉄	526.956
F	水素	486.134
G	鉄	430.791
G	カルシウム	430.775
H	カルシウムイオン	396.849

AやDなどの記号をつけました。これらの暗線をフラウンホーファー線と呼びます。

約50年後にドイツのブンゼン（1811〜1899）とキルヒホフ（1824〜1887）は、ナトリウムを高温の炎の中に入れたときに生じる強い発光（炎色反応と言います）の波長を多数測定し、その中の2つの波長589.0nm（ナノメートル：10^{-9}m）と589.6nmが、フラウンホーファー線のD_2およびD_1の波長（D線は近接した3つの波長に分離できるのでそれぞれをD_1、D_2、D_3と呼びます）と一致することを発見しました。これはナトリウムが太陽にも存在することを示唆しています。

20世紀になると量子力学の登場によって、これらの波長

吸光 / 発光

エネルギーE_1の電子軌道

エネルギーE_2の電子軌道

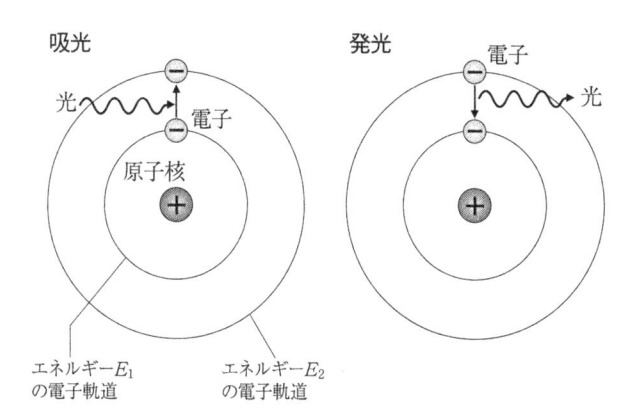

エネルギーE_1の電子軌道にいた電子は$\Delta E = E_2 - E_1$のエネルギーの光を吸収するとエネルギーE_2の電子軌道に遷移します。

エネルギーE_2の電子軌道にいた電子は$\Delta E = E_2 - E_1$のエネルギーの光を出してエネルギーE_1の電子軌道に遷移します。

図3-9 原子の吸光と発光

が原子の中の「ある電子軌道」から「別の電子軌道」への電子の移動（遷移と呼びます）に対応することがわかりました。発光は電子がエネルギーの高い軌道から低い軌道へ落ちる際に起こり、低いエネルギーの軌道にいる電子が光を吸収（吸光）してエネルギーをもらうと高い軌道に移ります（図3-9）。地球上の常温下では固体である鉄やカルシウムも、太陽表面では約6000度という高温のため気体になって存在します。太陽からは連続的な波長の光が出ますが、これらの元素によって吸収された光の波長が暗線となって観測されるのがフラウンホーファー線だったのです。

単独の恒星ではなく、恒星の集団である銀河から届く光に注目したのが、アメリカのスライファー（1875〜1969）

ヴェスト・スライファー
©SPL/PPS

(写真)でした。銀河は単独の恒星として観測される星々よりもはるかに遠くにあるので、その光は微弱です。渦巻き銀河の光をプリズムで分光して写真乾板を露光するのに、20時間から40時間を要しました。もちろん一晩の時間の長さが20時間や40時間もあるわけはないので、感光するまでに数日間を要するのが普通でした。渦巻き銀河からの光にもフラウンホーファー線が写ります。しかし、その波長はわずかに太陽の波長とはずれていました。波長が長波長側にずれることを**赤方偏移**(せきほうへんい)と呼び、短波長側にずれることを**青方偏移**(せいほうへんい)と呼びます。

　この赤方偏移や青方偏移が、銀河の運動によってもたらされているとすると、ドップラー効果の式を使って地球に対する相対速度を求めることができます。スライファーが最初に測ったのはアンドロメダ星雲(写真)で、秒速300kmという高速で地球に近づいていることがわかりました。ドップラーが星の動きをドップラー効果で測定できると発表してから60年以上が経過していました。ただし、アンドロメダ星雲と地球の距離は254万光年も離れているので、その衝突をすぐには心配する必要はありません。

　秒速300kmで近づいて来る場合には、前節で求めたよ

第3章 ローレンツ変換が教える異様な時空間
　　　——そこには常識と異なる世界があった

アンドロメダ星雲 ©NASA

うにドップラー効果によって振動数が0.1%増えます。例えば、フラウンホーファー線のE線（526.956nm）の青方偏移を計算してみると、波長＝光速÷振動数 なので、

$$\lambda' = \frac{c}{\nu'} = \frac{c}{1.001\nu} = \frac{526.956 \text{ nm}}{1.001} = 526.430 \text{ nm}$$

となり、ほぼ0.5nm短波長側へずれます。

　スライファーはアンドロメダ星雲以外の星雲の速度も測りました。1915年の論文では、近づいて来る銀河が3個に対して、遠ざかる銀河が12個あることを報告しています。1917年の論文ではさらに銀河の観測数を増やし、近づいて来る銀河は4個であるのに対して遠ざかる銀河は21個もありました。また、秒速1000km以上というかなりの高速で遠ざかる銀河も4つもありました。

この測定結果に注目した研究者が2人いました。ベルギーのルメートル（1894〜1966）とアメリカのハッブル（1889〜1953）です。2人は独立に、「ほとんどの銀河は地球から遠ざかっていて、その遠ざかる速度は距離に比例する」ことに気づきました。

$$\text{遠ざかる速さ } v \propto \text{ 地球からの距離 } r$$

という関係です。この関係を**ハッブルの法則**と呼びます。式で書くと

$$v = Hr$$

で、比例関係の係数 H をハッブル定数と呼びます。ただ、当時の地球から銀河までの距離の測定は正確ではなかったので、ハッブルが求めた係数は、現在の値とは7倍異なっています（図3-10）。ルメートルの論文は1927年に発表され、ハッブルの論文は1929年に発表されました。ルメートルの論文の方が早く発表されたにもかかわらず、「ルメートルの法則」と呼ばれないのは、ルメートルの論文がベルギー国内の論文誌にフランス語で掲載されたために、半ば埋もれてしまったからです。

この「ほとんどの銀河が地球から遠ざかっている」という観測結果は、実は重大なことを意味しています。そうです。これは**宇宙が膨張している**ことを意味しているのです。それまでは宇宙は定常的であると信じられていたのですが、これらの観測結果は宇宙に対する認識を変えることになりました。

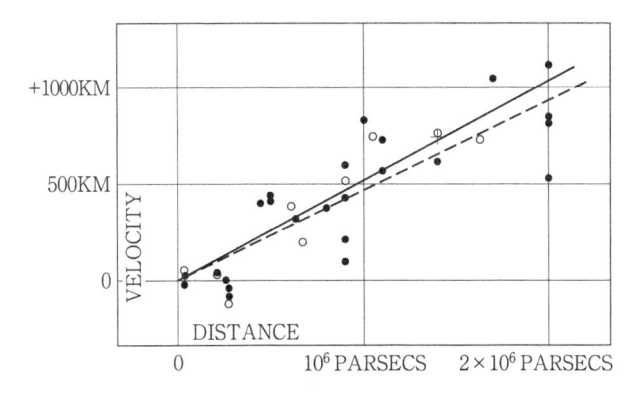

第3章 ローレンツ変換が教える異様な時空間
　　　　――そこには常識と異なる世界があった

図3-10　ハッブルの法則を表す1929年の論文

横軸が地球と銀河の距離で縦軸が銀河の速度を表しています。
"A relation between distance and radial velocity among extra-galactic nebulae", Proceedings of the National Academy of Sciences, Volume 15 : March 15, 1929 : Number 3

　さて本章では、ローレンツ変換が生み出す異様な世界をご覧いただきました。直感的に信じていたガリレイ変換は時空間を描写するには不適切であって、常識とは相いれないローレンツ変換が、より正しい世界像であることがわかりました。人間の日常で光速に近い運動を体験することはないので、光速より極めて遅い場合の近似として成り立つガリレイ変換の世界を信じていたことになります。1905年の相対性理論の発表から3年後に、ローレンツ変換に基づく新しい時空間の描像が提案されました。その時空像を生み出したのはチューリッヒ工科大でアインシュタインを教えたことのある数理物理学者ミンコフスキーでした。次章

では、このミンコフスキーによる時空間の描像がどのようなものなのか見てみましょう。

ローウェル天文台

パーシヴァル・ローウェル
©AFP＝時事

スライファーが観測に取り組んだのは、アリゾナ州の高地（標高約2000m）に位置する町フラッグスタッフ近くの山地にあるローウェル天文台（写真）でした。フラッグスタッフは、有名なグランドキャニオンから100kmほど南にあります。都会から離れた空気の澄んだ高地が天文台の建設場所として選ばれたわけです。筆者は2004年の半導体物理学国際会議に出席するためにフラッグスタッフに滞在したことがあります。天文台を見学するチャンスは逸しましたが、町がローウェル天文台を大変誇りにしていることは町の中の掲示やパンフレットなどからよくわかりました。

ローウェル天文台は、実業家であり天文学者でもあったパーシヴァル・ローウェル（1855～1916）が私財を投じて1894

第3章 ローレンツ変換が教える異様な時空間
　　　　——そこには常識と異なる世界があった

年に建設したものです。ローウェルは、天体望遠鏡による観測によって、火星に運河が存在すると主張したことで有名です。火星に運河があるということは、当然ながら運河を建設する能力を持つ火星人が存在するとローウェルは考えました。晩年には海王星の軌道の微妙な動きから、その外側に未知の惑星が存在すると信じ、未知の惑星の探索を指揮し続けました。冥王星は1930年にトンボー（1906〜1997）によって、ローウェル天文台での観測で発見されました。新発見の惑星の命名には当時天文台長だったスライファーも関わっています。冥王星の英語 Pluto の最初の2文字は、ローウェルのイニシャル PL と同じです。

　アメリカでは、スライファーの赤方偏移の観測よりもトンボーの冥王星の発見の方がローウェル天文台の代表的な業績としてよく知られています。これは冥王星はアメリカ人が発見した唯一の惑星だったからです。しかし、国際天文学連合は、2006年に冥王星をそれまでの「惑星」の分類から「準惑星」に変更しました。アメリカでの失望の声は日本でも報道

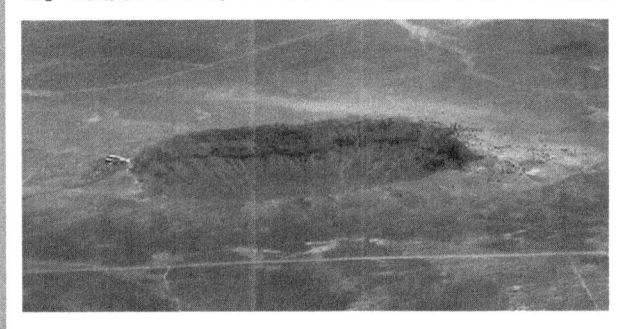

バリンジャー大隕石孔　著者撮影

されました。

　フラッグスタッフから東南東 50km にも天体に関する有名な観光ポイントがあります。それは、バリンジャー大隕石孔（写真）です。写真はフラッグスタッフからの帰路にフェニックスに向かう小さな飛行機から、筆者が撮影したものです。直径約 1.3km のこの大隕石孔は、今から 5 万年ほど前の隕石の衝突によってできたもので、この大穴を作った隕石の大きさはわずか 20m 程度だったと推定されているそうです。

第4章

ミンコフスキー空間
——新しい時空間の描像

■時間と空間の新概念

1908年9月に開かれたドイツ自然科学者・医者協会80周年集会で、ミンコフスキー（1864～1909）は空間と時間に関する新しい概念を発表しました。ミンコフスキーは、『空間と時間（Raum und Zeit：独語)』と題した講演の冒頭で

「これからみなさんに提示する空間と時間の概念は実験物理学の土壌から芽吹いたもので、そこに強さがあります。この考え方は革新的なもので、空間のみとか時間のみという考え方は、影のように消え去る運命にあります。空間と時間の統一のみが独立した現実として生き残ることでしょう」

と述べました。ミンコフスキーは、3次元の空間と1次元の時間を一体化した4次元の時空間で相対性理論を考えることを提唱しました。この4次元の空間を**ミンコフスキー空間**とか**ミンコフスキー時空**と呼びます。本章では、このミンコフスキー空間を見ることにしましょう。

■2つの慣性系を1つの図に

これまではK系とK′系を図3-4のように分離して描いてきましたが、これからは1つの図で表すことにしましょう。また、ミンコフスキー空間は空間と時間からなる4次元の時空間なので、時間の軸も加える必要があります。これらの要求を満たす図として、**ミンコフスキー図（ミンコ**

第4章 ミンコフスキー空間——新しい時空間の描像

フスキーダイアグラム）が提案されました。

空間は、x軸、y軸、z軸の3軸からなる3次元で表されます。それに時間の1次元が加わるので、私たちが日常で体験している時空間は4次元で表されます。4次元の座標を表すには、座標軸が4つ必要になるので、これを紙面の2次元の図に描き表すのはもちろん簡単ではありません。さらにK系とK′系を一緒に表そうとすると、軸は2倍の8軸になります。

そこで、ここでは簡単のために、これまでと同じくK′系はK系のx軸方向に速さVで運動していることにし、x軸方向とx'軸方向は空間的には同じとします（ただし、この後で見るようにこの2つの軸はミンコフスキー図では異なります）。また、このときK系のy軸とz軸、それにK′系のy'軸とz'軸は簡単のために省略することにしましょう。こうすると図示すべき座標軸はK系のx軸と時間軸の2つと、K′系のx'軸と時間軸の2つの計4つになるので、これから見るように2次元の紙の上に描くことができます。

まず、x軸と時間軸は、図4-1のようにx軸を横軸に取り、時間軸を縦軸に取ります。このx軸や時間軸はなにげなく図にすることが多いのですが、それぞれは次のような性質を持っています。

x軸：このx軸の上のどこでも時間 $t=0$ である。
時間軸：この時間軸の上のどこでも $x=0$ である。

「なんだ、あたりまえじゃないか」と思う方も多いと思い

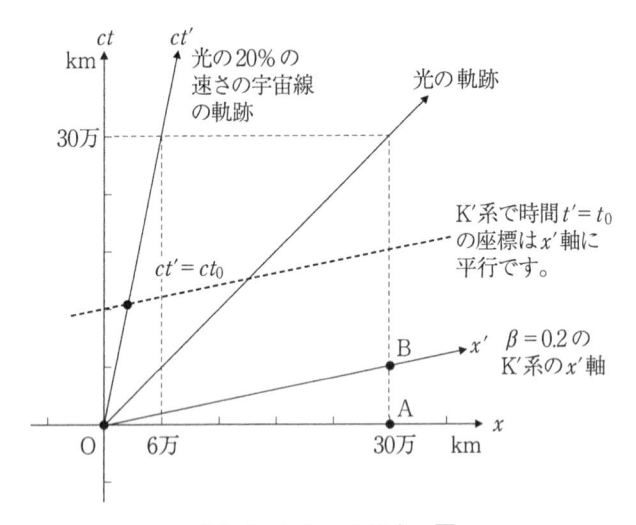

図4-1 ミンコフスキー図

図中のラベル:
- ct km
- ct'
- 光の20%の速さの宇宙線の軌跡
- 光の軌跡
- 30万
- K'系で時間 $t' = t_0$ の座標は x' 軸に平行です。
- $ct' = ct_0$
- B
- A
- x'
- $\beta = 0.2$ の K'系の x' 軸
- O, 6万, 30万 km, x

ますが、とりあえず頭の中に入れておきましょう。ここで時間軸は t の値を直接取るのではなく、光速に時間をかけた ct を取ることにします。光速に時間をかけるので、単位（次元）は距離になります。こうすると、この後で見るようにミンコフスキー図の横軸と縦軸の単位が同じになるので便利です。

この図にまず、x 方向に進む光の軌跡を描いてみましょう。光は時間 $t = 0$ のときに原点 $x = 0$ から出たとします。時間 $t = 1\mathrm{s}$ のときの光の位置は $x = ct = 30万\,\mathrm{km/s} \times 1\mathrm{s} = 30万\,\mathrm{km}$ です。また、このとき（$t = 1\mathrm{s}$）の時間軸の座標 ct も30万 km です。よって、光の軌跡は $(x, ct) = (30万\,\mathrm{km}, 30万\,\mathrm{km})$ の点と原点 O を結ぶ直線なの

第4章　ミンコフスキー空間——新しい時空間の描像

で図4-1中では、傾きが45度の直線になります。

次に光の20%の速さで x 方向に等速直線運動をしている宇宙線（の粒子）の軌跡を描いてみましょう。宇宙線は $t=0$ で $x=0$ に位置していたとします。時間 $t=1s$ のときの宇宙線の位置は $x=0.2ct=0.2\times30$万 km/s$\times1$s$=6$万 km です。また、このときの時間軸の座標 ct は30万 km です。よって図4-1中では、この宇宙線の軌跡は光よりもっと垂直に近い直線になります。

次にK′系の時間軸である ct' 軸を描いてみましょう。K′系は光の20%の速さで x 方向に等速直線運動をしているとします。また、時間 $t=0$ ではK系の原点（$x=0$）とK′系の原点（$x'=0$）は重なっていたとします。この場合は、K′系の原点（$x'=0$）の軌跡はさきほどの宇宙線の軌跡と同じです。さきほど、「K系の時間軸（ct 軸）の上のどこでも $x=0$ である」と述べましたが、同様に「K′系の時間軸（ct' 軸）の上のどこでも $x'=0$ である」と言えます。というわけで図4-1のK′系の原点（$x'=0$）の軌跡は ct' 軸を表していることになります。

この ct' 軸は、ローレンツ変換を使っても求められます。ct' 軸上では、$x'=0$ なので、（R-1）式と（R-2）式に $x'=0$ を代入すると

$$x=\gamma\beta ct'$$
$$t=\gamma t'$$

となります。この両式から t' を消去すると

$$x = \gamma\beta ct' = \gamma\beta c \frac{t}{\gamma} = \beta ct$$

$$\therefore ct = \frac{x}{\beta}$$

となります。この式は図4-1のグラフで原点を通る傾き $\frac{1}{\beta}$ の直線を表します。これが ct' 軸です。さきほどの例のように

$$\beta = \frac{V}{c} = 0.2$$

の場合には、

$$\therefore ct = 5x$$

となりますが、図4-1のさきほど求めた ct' 軸の傾きは30万 km/6万 km で5になっています。

　続いて x' 軸もローレンツ変換を使って求めましょう。x' 軸の性質は、

　　　x' 軸の上のどこでも時間 $t'=0$ である。

ということです。$t'=0$ なので、(R-1) 式と (R-2) 式に $t'=0$ を代入して

第4章 ミンコフスキー空間——新しい時空間の描像

$$x = \gamma x'$$
$$t = \frac{\gamma \beta}{c} x'$$

となります。この両式から x' を消去すると

$$t = \frac{\gamma \beta}{c} x' = \frac{\gamma \beta}{c} \frac{x}{\gamma} = \frac{\beta}{c} x$$
$$\therefore ct = \beta x$$

となります。この式は図4-1のグラフで原点を通る傾き β の直線を表します。これが x' 軸です。さきほどの例のように $\beta = \dfrac{V}{c} = 0.2$ の場合には、

$$\therefore ct = 0.2x$$

となります。

この x' 軸は傾いているので、x 軸と x' 軸はもはや原点を除いては重なっていません。時間 $t=0$ で $x=0$ と $x'=0$ が重なっていたとしても、原点以外では x 軸上の時間 t と x' 軸上の時間 t' はもはや同じではないのです。時間の同時性は、K系とK′系では異なるということになります。例えば、図4-1の原点Oと x 軸上の点AはK系ではともに時間 $t=0$ であり、同時です。ところがK′系では、原点Oは x' 軸上にあるものの点Aは x' 軸上にないので、この両者は同時ではありません。時間の同時性が慣性系によって異なるということは、前章でも見たように、

97

私たちが抱いている常識に比べて、とても奇妙に感じられます。

K′系で時間が $t' = t_0$（ここで t_0 は1秒や2秒のような定数）であるという座標も求めておきましょう。(R-1) 式と (R-2) 式に $t' = t_0$ を代入して

$$x = \gamma(x' + c\beta t_0) \quad \therefore x' = \frac{x}{\gamma} - c\beta t_0$$
$$t = \gamma\left(t_0 + \frac{\beta}{c}x'\right)$$

となります。この両式から x' を消去すると

$$t = \gamma\left(t_0 + \frac{\beta}{c}x'\right) = \gamma\left[t_0 + \frac{\beta}{c}\left(\frac{x}{\gamma} - c\beta t_0\right)\right]$$
$$= \gamma\left(t_0 + \frac{\beta}{c}\frac{x}{\gamma} - \beta^2 t_0\right)$$
$$= \gamma(1-\beta^2)t_0 + \frac{\beta}{c}x$$

となり、(2-26) 式の $\gamma = \dfrac{1}{\sqrt{1-\beta^2}}$ を代入すると

$$= \sqrt{1-\beta^2}\,t_0 + \frac{\beta}{c}x$$

となります。この両辺にcをかけると

$$ct = \beta x + \sqrt{1-\beta^2}\,ct_0$$

が得られます。この式は ct 軸の切片が $\sqrt{1-\beta^2}ct_0$ で傾き β の直線を表します。図4-1のグラフに時間 $t'=t_0$ である座標を太い点線で示しました。このように K′ 系で時間が同一の座標は、傾きが β であり x' 軸と平行になります（ct' 軸の切片は、$t'=t_0$ の座標なので図のように $ct'=ct_0$ です）。なお、同様にして K′ 系で $x'=x_0$ である座標の傾きが $1/\beta$ であり ct' 軸と平行になることも示せます。

ここで見たように x' 軸の傾きは β であり、ct' 軸の傾きは $1/\beta$ なので、この2つの軸は図4-1のように、原点を通る光の軌跡（傾き45度の線）を軸とした線対称の関係になります。

さて、x' 軸と ct' 軸はこのように直交しなくなり斜交座標になりますが、それでいいのだろうかと心配になる方もいらっしゃるでしょう。しかし、少し考えてみると、直交は x 軸と y 軸のような空間の座標軸の間に成り立っていた関係であったことに気づきます。時間軸である ct' 軸と空間の座標軸である x' 軸が、図の上で直交しなければならない理由はもともとないわけです。

■ミンコフスキー

ミンコフスキー（写真）は1864年生まれで、アインシュタインより15歳年長です。アインシュタインは1896年にスイスのチューリッヒ工科大学に進み、1900年に卒業しましたが、ミンコフスキーは1896年から1902年までチューリッヒ工科大学の准教授でした。アインシュタインは関数論や解析力学などの必修科目をミンコフスキーから学んだので、

2人の間には面識がありました。

1905年にアインシュタインが相対性理論の論文を発表したときには、ミンコフスキーはゲッチンゲン大学の教授になっていました。ミンコフスキーは相対性理論の重要性を最も早く認識した研究者の一人でした。彼は物理学者のボルンに、相対性理論の論文に接したことを「わたしには、それはすさまじい驚きだった」と述べています。ミンコフスキーは続けて「というのは、学生時代のアインシュタインは怠け者だったからです。彼はまったくいちども数学を気にしたことがなかった」と話しました(『アインシュタインの生涯』C. ゼーリッヒ著、広重徹訳、東京図書)。

一方、アインシュタインの言によれば、チューリッヒ工科大学では2回しか試験がなかったので、ノートを取るのは友人に任せてそれ以外の興味のある対象を学んでいたとのことです。惜しいことにミンコフスキーは、ミンコフスキー空間の発表の翌年の1909年に、盲腸炎で急逝しました。44歳という若さでした。

ヘルマン・ミンコフスキー
©SPL/PPS

■ローレンツ変換で変わらないものとは?
ローレンツ変換は、時間 $t=t'=0$ に原点を出た光が伝わ

第4章　ミンコフスキー空間──新しい時空間の描像

る速さがK系とK′系で同じであるという仮定の結果として導かれました。この光の波面は第2章で見たように、それぞれ数式で

$$x^2+y^2+z^2-c^2t^2=0 \qquad (2\text{-}1)$$
$$x'^2+y'^2+z'^2-c^2t'^2=0 \qquad (2\text{-}2)$$

と表されます。第2章で見たように、ローレンツ変換（と逆変換）は、この2つの式をつなぐ座標変換です。(2-1)式にローレンツ逆変換の（R-1）式と（R-2）式を代入すると（2-2）式になり、(2-2)式にローレンツ変換の（L-1）式と（L-2）式を代入すると（2-1）式になります。このように「ローレンツ変換で式の形が変わらないこと」をローレンツ変換に対して**共変的**であると言います。

ローレンツ変換は、(2-1)式と(2-2)式の間だけでなく、次の2つの式の間でも成り立ちます。

$$x^2+y^2+z^2-(ct)^2=L^2 \qquad (4\text{-}1)$$
$$x'^2+y'^2+z'^2-(ct')^2=L^2 \qquad (4\text{-}2)$$

右辺のLは定数で、例えば$L=30$万 km です。$L=0$ の場合が（2-1）式と（2-2）式に対応します。これを証明してみましょう。

ローレンツ変換の（L-1）式と（L-2）式

$$x'=\gamma(x-c\beta t) \qquad (\text{L-1})$$
$$t'=\gamma\left(t-\frac{\beta}{c}x\right) \qquad (\text{L-2})$$

を (4-2) 式に代入し、$y'=y$ と $z'=z$ を代入すると、

$$\gamma^2(x-c\beta t)^2 - c^2\gamma^2\left(t-\frac{\beta}{c}x\right)^2 + y^2 + z^2 = L^2$$

となります。左辺をさらにまとめると

$$\begin{aligned}(\text{左辺}) &= \gamma^2(x^2 - 2c\beta tx + c^2\beta^2 t^2 - c^2 t^2 + 2tc\beta x - \beta^2 x^2) + y^2 + z^2 \\ &= \gamma^2(x^2 - \beta^2 x^2 + c^2\beta^2 t^2 - c^2 t^2) + y^2 + z^2 \\ &= \gamma^2\{x^2(1-\beta^2) - c^2 t^2(1-\beta^2)\} + y^2 + z^2\end{aligned}$$

となり、(2-26) 式の $\gamma = \dfrac{1}{\sqrt{1-\beta^2}}$ を使うと

$$\begin{aligned}&= \frac{1}{1-\beta^2}[(1-\beta^2)x^2 - (1-\beta^2)c^2 t^2] + y^2 + z^2 \\ &= x^2 + y^2 + z^2 - c^2 t^2\end{aligned}$$

となり、よって

$$x^2 + y^2 + z^2 - (ct)^2 = L^2$$

が得られました。つまり、ローレンツ変換によって、変数が x' から x に変わっても式の形は変わらず共変的であるということです。ローレンツ逆変換によって (4-1) 式から (4-2) 式を導けることも同様に証明できます。

■(4-1) 式や (4-2) 式が表すもの

この (4-1) 式や (4-2) 式が何を表しているのか、考えてみましょう。ここでは簡単のために $y=y'=0$ であり、

第4章　ミンコフスキー空間——新しい時空間の描像

かつ $z=z'=0$ である場合を考えることにします。つまり、空間的には x 軸上や x' 軸上の場合だけを考えることにします。この場合には、(4-1) 式と (4-2) 式は、

$$x^2-(ct)^2=L^2 \qquad (4\text{-}3)$$
$$x'^2-(ct')^2=L^2 \qquad (4\text{-}4)$$

となります。

まず、$L=0$ の場合を考えると

$$x^2-(ct)^2=0$$
$$x'^2-(ct')^2=0$$

となります。もともと $L=0$ の場合は (2-1) 式と (2-2) 式に対応するわけですから、これは x 軸上や x' 軸上を進む光の波面を表しています。ミンコフスキー図に描くと $x=ct$ と $x'=ct'$ なので、図4-2ではともに傾き45度の直線になり、光の軌跡を表します。

次に $L\neq 0$ の場合を考えましょう。$L\neq 0$ の場合の (4-3) 式や (4-4) 式の2次関数で表される曲線を**双曲線**と呼びます。図4-2にその双曲線の1つをプロットしました（$L=30$万 km）。(4-3) 式と (4-4) 式がローレンツ変換に対して共変的であるということは、K系で (4-3) 式に従う双曲線を描くと、それは K′系で (4-4) 式に従う双曲線でもあることを意味します。例えば、図4-2の点 A は、K系では $t=0$ で $x=L$（30万 km）の点であり、(4-3) 式を満たしています。この点 A のローレンツ変換は (L-1) 式と (L-2) 式に $t=0$ と $x=L$ を代入して

双曲線とそれぞれのx'軸との交点は、各x'軸上の原点から30万kmの点を表しています。

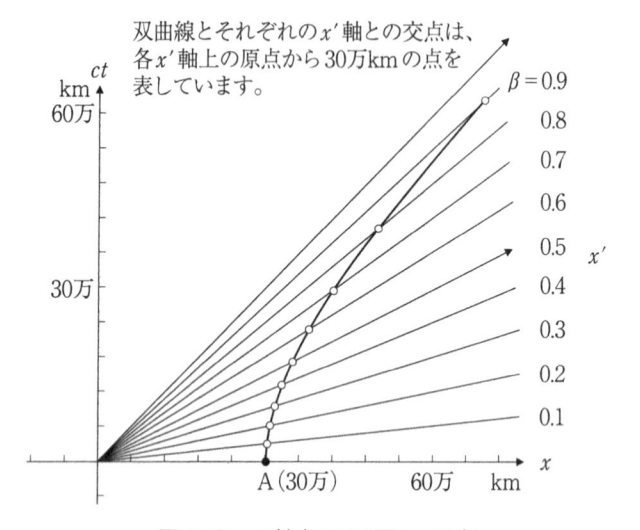

図4-2　x'軸上の30万kmの点

$$x' = \gamma(x - c\beta t) = \gamma L$$
$$t' = \gamma\left(t - \frac{\beta}{c}x\right) = -\gamma\frac{\beta}{c}L$$

となります。これが点 A の K′ 系での座標です。この座標を (4-4) 式に代入すると、

$$x'^2 - (ct')^2 = \gamma^2 L^2 - c^2\gamma^2\left(\frac{\beta}{c}\right)^2 L^2 = \gamma^2(1-\beta^2)L^2 = L^2$$

となり、(4-4) 式を満たしています。このように図4-2の双曲線は、(4-3) 式を満たすとともに (4-4) 式も満たしています。

第4章 ミンコフスキー空間——新しい時空間の描像

この（4-4）式に $t'=0$ を代入すると、$x'^2=L^2$ となるので、これは x' 軸上の $x'=L$ の座標を表していることになります。したがって、この双曲線と x' 軸の交点は、x' 軸上で原点から距離 L の点を表していることになります。図4-2には、$\beta=0.1$ から0.9までの x' 軸も描きました。このそれぞれの x' 軸と双曲線との交点が原点から30万 km の点を表します。このようにそれぞれの x' 軸上での単位距離（＝30万 km）の（図上の）長さは、β の異なる K′ 系では異なることになります。

■ローレンツ収縮をミンコフスキー図で見る

ローレンツ収縮がこのミンコフスキー図でどのように表されるのか見てみましょう。K′ 系の x' 軸に沿って、長さ30万 km の棒が静止して横たわっているという SF 的な状況を想定することにしましょう。言うまでもなく、長さ30万 km の棒というのは世の中に存在しません。しかし、30万 km という長さは光速で1秒の距離なので、相対性理論について考える場合には手ごろです。ここで K′ 系の相対速度は光速の半分（$\beta=0.5$）であるとします。

図4-3には、$ct'=0$ での棒と、$ct'=-15$万 km での棒を描いています。棒の左端（$x'=0$）は、$ct'=0$ にミンコフスキー図の原点に位置するとします。この棒は K′ 系で静止しているので、棒の左端の軌跡は ct' 軸と重なります。一方、棒の右端は $ct'=0$ では x' 軸上の $x'_1(0)$ の座標（原点からの距離は30万 km）に位置します。この棒の右端の軌跡は、この $x'_1(0)$ の座標を通って ct' 軸と平行な

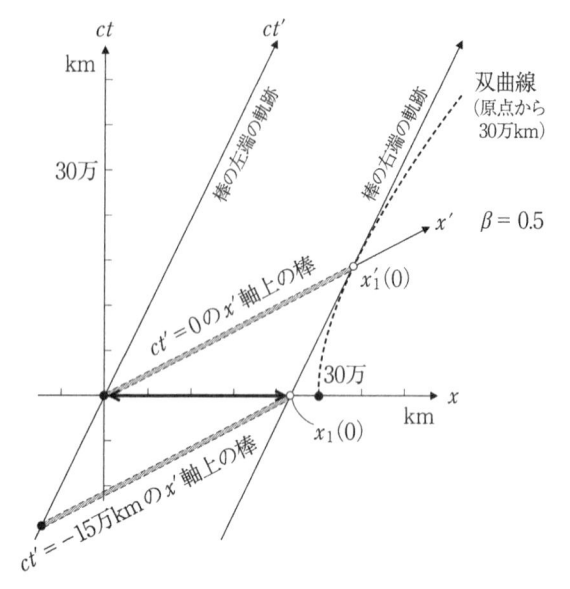

図4-3 ミンコフスキー図でローレンツ収縮を考える

線になります。

さて、この棒の長さをK系で時間 $t=0$ に測ったとすると、棒の左端はK′系の $ct'=0$ での棒の左端と重なりますが、棒の右端は図からわかるようにK′系の $ct'=0$ での棒の右端の位置とは異なります。K系で時間 $ct=0$ に測る棒の右端はx軸上にあり、これはK′系の時間 $ct'=-15$万 km での棒の右端です（逆ローレンツ変換を表す (R-2) 式に、$t=0$、$x'=30$万 km、$\beta=0.5$ を代入すると、$ct'=-15$万 km が得られます）。このとき図から明らかなように原点から座標 $x_1(0)$ までの距離は30万 km よ

106

第4章 ミンコフスキー空間——新しい時空間の描像

り短くなっています。これがローレンツ収縮です。

この関係を計算で見ると、図の座標 $x_1(0)$ の点は、$ct'=-15万\,km$ の x' 軸上の x' 座標が30万 km の点であり、K 系での時間 $t=0$ なので、ローレンツ変換を表す (L-1) 式（$x'=\gamma(x-c\beta t)$）にこれらの値を代入すると、

$$30万\,km = \gamma x_1(0)$$

となり、よって

$$x_1(0) = \frac{30万\,km}{\gamma} = 30万\,km \times \sqrt{1-\beta^2} = 30万\,km \times \frac{\sqrt{3}}{2}$$

となります。これが K 系で測った棒の長さなので（図の x 軸上の ⟵⟶）、ローレンツ収縮によって、

$\dfrac{\sqrt{3}}{2} \approx \dfrac{1.732}{2} = 0.866$ 倍 に縮むことになります。

■ミンコフスキー図で時間の遅れを考える

ミンコフスキー図を使って、「双子のパラドックス」の簡単なケースを考えてみましょう。簡単なケースとは、お兄さんの乗った宇宙船が進路を反転する前までの状況です。反転して戻ってくる場合は第6章で考えます。

弟は K 系の $x=0$ に、兄は K′ 系の $x'=0$ にずっと静止しているとし、K′ 系の相対速度は光速の半分（$\beta=0.5$）であるとします。(4-3) 式（$x^2-(ct)^2=L^2$）を満たす双曲線は x 軸や x' 軸と交差するものの他に ct 軸や ct' 軸と交差するものもあります。図4-4の双曲線と ct' 軸の交点

はK′系の原点から距離 L（ここでは30万km で時間の1秒に対応）離れた点を表しています。点Aは ct 軸上で原点Oから30万km離れており、点Bは ct' 軸上で原点Oから30万km離れています。

まず、宇宙船（K′系）で1秒が経過した時点での地球時間（K系）を見てみましょう（図4-4の左図）。K′系で $ct'=30$ 万km（$t'=1$ 秒）経過すると点Oから点Bに到達します。このときのK系の時間は ct 軸の目盛りで読みます。K系で同時間の点は x 軸に平行なので、点Bを通って x 軸に平行な線（図では点線の直線）を引くと ct 軸

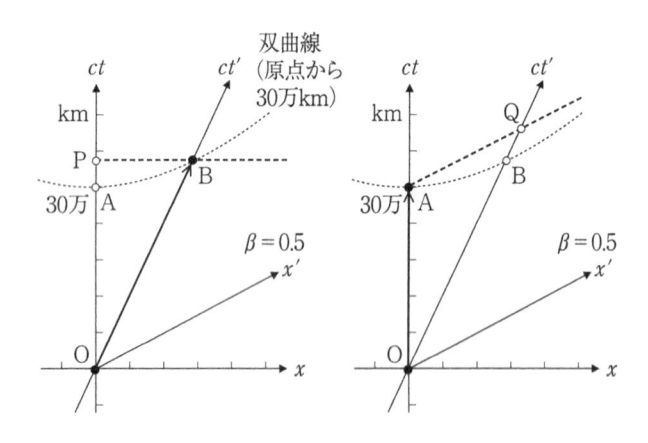

K′系で $ct'=30$ 万km（$t'=1$ 秒）経過したとき（O→B）、K系ではOP間の時間が経過し、これは30万km（OA間：$t=1$ 秒）より長い。

K系で $ct=30$ 万km（$t=1$ 秒）経過したとき（O→A）、K′系ではOQ間の時間が経過し、これは30万km（OB間：$t'=1$ 秒）より長い。

図4-4　時間の遅れをミンコフスキー図で考える

上の点 P で交差します。K 系では OP 間の時間が経過し、これは30万 km（OA 間：$t=1$ 秒）より長いことが図からわかります。つまり、K 系の方が長い時間が経過しているので、K 系から見ると K′ 系の時間が遅れることになります。これは計算では（3-1）式

$$t_1 - t_0 = \frac{t'_1 - t'_0}{\sqrt{1-\beta^2}}$$

に対応します。

次に、地球（K 系）で 1 秒が経過した時点での宇宙船（K′ 系）での時間を見てみましょう（図4-4の右図）。K 系で $ct=30$万 km（$t=1$ 秒）経過すると点 O から点 A に到達します。このときの K′ 系の時間は ct' 軸の目盛りで読みます。K′ 系で同時間の点は x' 軸に平行なので、点 A を通って x' 軸に平行な線（図では点線の直線）を引くと ct' 軸上の点 Q で交差します。K′ 系では OQ 間の時間が経過し、これは30万 km（OB 間：$t'=1$ 秒）より長いことが図からわかります。つまり、K′ 系の方が長い時間が経過しているので、K′ 系から見ると K 系の時間が遅れることになります。これは計算では（3-2）式

$$t'_1 - t'_0 = \frac{t_1 - t_0}{\sqrt{1-\beta^2}}$$

に対応します。

このようにミンコフスキー図を見ながら時間の遅れを考えると、「それぞれの慣性系で 1 秒が経過したとき、それ

を他方の慣性系の時間で測る」という事象が、ミンコフスキー図上では完全に別の事象であるということがわかります。「お互いにお互いの時間が遅れて見える」ということが最初は矛盾しているように感じられたのですが、このようにミンコフスキー図で考えるとだんだんと受け入れられるようになります。

■ローレンツ変換が変えないもの

（4-1）式と（4-2）式は、相互にローレンツ変換に対して共変的であることを見ました。ローレンツ変換によって値の変わらない量を、**スカラー量**と呼びます。ここで見た L^2 はローレンツ変換によって値が変わらないのでスカラー量です。第2章でローレンツ変換を導くときには、この両式で $L=0$ としました。しかし、そこから導かれたローレンツ変換は $L \neq 0$ の場合でも（4-1）式や（4-2）式を共変に保つことがわかりました。

ミンコフスキー空間内を移動する粒子の座標は、4次元の座標成分 (x, y, z, ct) によって表されます。物体の運動によって、この座標点はミンコフスキー空間内を移動していきます。このとき、この点の軌跡は線になりますが、この線を**世界線**と呼びます。また、ミンコフスキー空間内の2つの点 (x_1, y_1, z_1, ct_1) と (x_2, y_2, z_2, ct_2) の距離を

$$(\Delta s)^2 \equiv (x_1-x_2)^2 + (y_1-y_2)^2 + (z_1-z_2)^2 - c^2(t_1-t_2)^2$$
(4-5)

で定義して、これを**世界距離**と呼びます。この世界距離の

第4章 ミンコフスキー空間——新しい時空間の描像

定義では、上式の時間の2乗の項 $c^2(t_1-t_2)^2$ の前の記号がプラスではなくマイナスであることに注意しましょう。(4-1) 式も、座標 (x, y, z, ct) と原点 $(0, 0, 0, 0)$ との世界距離であるということになります。(4-1) 式がローレンツ変換に対して共変的であったように、ミンコフスキー空間内の任意の2点間の世界距離もローレンツ変換に対して不変のスカラー量です。証明してみましょう。まず、$(\Delta s)^2$ のカッコを展開すると

$$\begin{aligned}(\Delta s)^2 &\equiv (x_1-x_2)^2+(y_1-y_2)^2+(z_1-z_2)^2-c^2(t_1-t_2)^2 \\ &= x_1{}^2-2x_1x_2+x_2{}^2+y_1{}^2-2y_1y_2+y_2{}^2 \\ &\quad +z_1{}^2-2z_1z_2+z_2{}^2-c^2(t_1{}^2-2t_1t_2+t_2{}^2) \\ &= x_1{}^2+y_1{}^2+z_1{}^2-c^2t_1{}^2 \\ &\quad +x_2{}^2+y_2{}^2+z_2{}^2-c^2t_2{}^2 \\ &\quad -2x_1x_2-2y_1y_2-2z_1z_2+2c^2t_1t_2\end{aligned}$$

となります。このうち、$x_1{}^2+y_1{}^2+z_1{}^2-c^2t_1{}^2$ と $x_2{}^2+y_2{}^2+z_2{}^2-c^2t_2{}^2$ がローレンツ変換に対して共変的であることはすでに (4-1) 式と (4-2) 式の共変性として証明しました。したがって、$-2x_1x_2-2y_1y_2-2z_1z_2+2c^2t_1t_2$ がローレンツ変換に対して共変的であることを証明すればよいということになります。座標 y と z はローレンツ変換によっては変化しないので($y=y', z=z'$ なので)、結局、

$$-2x_1x_2+2c^2t_1t_2$$

がローレンツ変換によって変わらないことを示せばよいということになります。これにローレンツ逆変換の (R-1)

式と (R-2) 式を代入すると

$$
\begin{aligned}
-2x_1 x_2 + 2c^2 t_1 t_2 &= -2\gamma(x'_1 + c\beta t'_1)\gamma(x'_2 + c\beta t'_2) \\
&\quad + 2c^2\gamma\left(t'_1 + \frac{\beta}{c}x'_1\right)\gamma\left(t'_2 + \frac{\beta}{c}x'_2\right) \\
&= -2\gamma^2(x'_1 x'_2 + c\beta t'_1 x'_2 + c\beta t'_2 x'_1 + c^2\beta^2 t'_1 t'_2) \\
&\quad + 2c^2\gamma^2\left(t'_1 t'_2 + \frac{\beta}{c}x'_1 t'_2 + \frac{\beta}{c}x'_2 t'_1 + \frac{\beta^2}{c^2}x'_1 x'_2\right) \\
&= -2\gamma^2(x'_1 x'_2 + c\beta t'_1 x'_2 + c\beta t'_2 x'_1 + c^2\beta^2 t'_1 t'_2 \\
&\qquad - c^2 t'_1 t'_2 - c\beta x'_1 t'_2 - c\beta x'_2 t'_1 - \beta^2 x'_1 x'_2) \\
&= -2\gamma^2\{(1-\beta^2)x'_1 x'_2 - c^2(1-\beta^2)t'_1 t'_2\} \\
&= -2x'_1 x'_2 + 2c^2 t'_1 t'_2
\end{aligned}
$$

となり、ローレンツ変換に対して共変的であることがわかります。というわけで、ミンコフスキー空間内の任意の2つの点の間の世界距離がローレンツ変換に対して不変であることを証明できました。

世界距離を表す (4-5) 式は、

$$\Delta x = x_1 - x_2, \quad \Delta y = y_1 - y_2, \quad \Delta z = z_1 - z_2, \quad \Delta t = t_1 - t_2$$

とおくと、

$$(\Delta s)^2 \equiv (\Delta x)^2 + (\Delta y)^2 + (\Delta z)^2 - (c\Delta t)^2 \qquad (4\text{-}6)$$

と書きかえられます。これはここで見たようにローレンツ変換に対して共変的です。さらに、差分 Δs や Δx を無限小の ds や dx に置き換えると

$$ds^2 \equiv dx^2 + dy^2 + dz^2 - c^2 dt^2 \quad (4\text{-}7)$$

となりますが、これもローレンツ変換に対して共変的です。

■ローレンツ変換は座標の回転に似ている

　ローレンツ変換は、慣性系から慣性系への座標変換ですが、この座標変換は数学的には、座標の回転に似ています。通常の座標回転をまず振り返ってみましょう。互いに直交する xyz の3軸からなる座標系を考えることにします。この座標系を z 軸を中心として反時計回りに角度 θ 回転させます。そして座標回転後の軸を x' 軸と y' 軸とした座標系を考えましょう（図4-5）。

　この場合、xyz 座標系の点 (x_0, y_0, z_0) を、$x'y'z'$ 座標系の点 (x_0', y_0', z_0') として表すと

$$x_0' = x_0 \cos\theta + y_0 \sin\theta \quad (4\text{-}8)$$
$$y_0' = -x_0 \sin\theta + y_0 \cos\theta \quad (4\text{-}9)$$
$$z_0' = z_0$$

の関係があります。図4-5は z 軸の上の方向から x-y 平面と x'-y' 平面を見下ろした図です。特に（4-8）式と（4-9）式の関係がわかりやすくなるように点線で補助線をいくつも引いています。

　ここでは z 軸を中心にして x 軸と y 軸が回転しているだけなので、原点から点 (x, y, z) までの距離が変わらないということは直感的にわかります。したがって、距離の

図中:
$x_0' = x_0\cos\theta + y_0\sin\theta$
(x_0, y_0, z_0)
(x_0', y_0', z_0')
$\sqrt{x_0^2+y_0^2+z_0^2} = \sqrt{x_0'^2+y_0'^2+z_0'^2}$
$y_0\cos\theta$
$x_0\cos\theta$
$y_0\sin\theta$
$x_0\sin\theta$

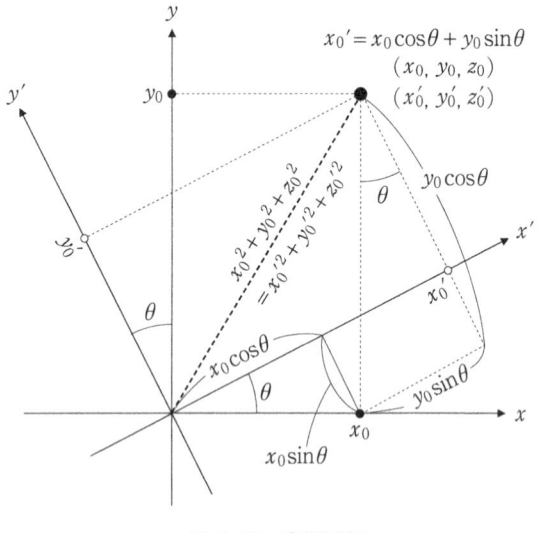

図4-5 座標回転

2乗も変化せず

$$x_0^2 + y_0^2 + z_0^2 = x_0'^2 + y_0'^2 + z_0'^2$$

が成り立ちます。

　この「距離が変わらない」ということは、「世界距離を表す (4-6) 式や (4-7) 式がローレンツ変換によって変わらないこと」と似ています。世界距離には $-c^2t^2$ の項が含まれていますが、これから変数 x, y, z に続く4番目の変数として $-c^2t^2$ の平方根を取った ict を使うことにしましょう（i は $i^2 = -1$ となる数で、虚数単位と呼びます）。ローレンツ変換を表す (L-1) 式と (L-2) 式をこの ict

第4章 ミンコフスキー空間──新しい時空間の描像

を使って書き直すと、(L-1) 式は

$$x' = \gamma(x - c\beta t)$$
$$= x\gamma + (ict)(i\beta\gamma) \quad (4\text{-}10)$$

となり、(L-2) 式は

$$t' = -\frac{\beta\gamma}{c}x + \gamma t \quad (両辺に ic をかけると)$$
$$\therefore ict' = -x(i\beta\gamma) + (ict)\gamma \quad (4\text{-}11)$$

となります。これらを座標回転を表す (4-8) 式、(4-9) 式と並べて書いてみましょう。

$$x_0' = x_0\cos\theta + y_0\sin\theta \quad (4\text{-}8)$$
$$x' = x\gamma + (ict)(i\beta\gamma) \quad (4\text{-}10)$$
$$y_0' = -x_0\sin\theta + y_0\cos\theta \quad (4\text{-}9)$$
$$ict' = -x(i\beta\gamma) + (ict)\gamma \quad (4\text{-}11)$$

見比べてみると、変数については

$$x_0, x_0' \leftrightarrow x, x' \quad と \quad y_0, y_0' \leftrightarrow ict, ict'$$

の対応関係があり、定数については、

$$\cos\theta \leftrightarrow \gamma \qquad \sin\theta \leftrightarrow i\beta\gamma$$

の対応関係があることがわかります。これらの対応関係は

ローレンツ変換は 4 次元の座標回転として表せるのではないか

115

という期待を抱かせます。

■**この座標回転はどのような式で表されるか**

ローレンツ変換が座標回転で表されるとしたら、どのような式で表されるのか考えてみましょう。$\cos\theta$ と $\sin\theta$ の間には、中学校の数学で習ったように $\cos^2\theta + \sin^2\theta = 1$ の関係が成り立ちます。γ と $-\beta\gamma$ の間にも以下のように計算してみると

$$\gamma^2 - (\beta\gamma)^2 = \gamma^2 - \beta^2\gamma^2$$
$$= \gamma^2(1-\beta^2)$$

となり、(2-26) 式を使うと

$$= 1 \qquad (4\text{-}12)$$

となって、類似の関係が成り立つことがわかります。この (4-12) 式の「それぞれの2乗を引き算すると1になる」という性質を持っていて三角関数に似ている関数に、双曲線関数というものがあります（双曲線関数は高校数学の範囲外です）。双曲線関数には、$\cosh\phi$ や $\sinh\phi$ があり、それぞれハイパーボリックコサインやハイパーボリックサインと読みます。ハイパーボリック (hyperbolic) は、「双曲線の」という意味です。双曲線とは、2つの変数 x, y の間に

$$x^2 - y^2 = 1 \qquad (4\text{-}13)$$

という関係が成り立つ曲線ですが、(4-12) 式で γ と $\beta\gamma$ を x, y に置き換えると、(4-13) 式の双曲線の関係を満た

第4章　ミンコフスキー空間──新しい時空間の描像

すことがわかります。

ハイパーボリックコサインやハイパーボリックサインは指数関数を使って

$$\cosh\phi \equiv \frac{e^{\phi}+e^{-\phi}}{2}, \quad \sinh\phi \equiv \frac{e^{\phi}-e^{-\phi}}{2}$$

と定義されています。それぞれを2乗して引き算すると

$$\cosh^2\phi - \sinh^2\phi = \left(\frac{e^{\phi}+e^{-\phi}}{2}\right)^2 - \left(\frac{e^{\phi}-e^{-\phi}}{2}\right)^2$$
$$= \frac{1}{4}(e^{2\phi}+2e^{\phi}e^{-\phi}+e^{-2\phi})$$
$$\quad -\frac{1}{4}(e^{2\phi}-2e^{\phi}e^{-\phi}+e^{-2\phi})$$
$$=1$$

となり、(4-13) 式の双曲線の関係を満たすことがわかります。

先ほど (4-12) 式で見たように γ と $\beta\gamma$ も (4-13) 式の関係を満たすことから

$$\cosh\phi = \gamma \qquad (4\text{-}14)$$
$$\sinh\phi = \beta\gamma \qquad (4\text{-}15)$$

と置いてよいでしょう。三角関数の $\cos\phi$ や $\sin\phi$ は指数関数を使うと

$$\cos\phi = \frac{e^{i\phi}+e^{-i\phi}}{2}, \quad \sin\phi = \frac{e^{i\phi}-e^{-i\phi}}{2i}$$

と表されるので（付録参照）、双曲線関数と三角関数の間には、

$$\cosh\phi = \frac{e^{\phi}+e^{-\phi}}{2}$$
$$= \frac{e^{-i(i\phi)}+e^{i(i\phi)}}{2}$$
$$= \cos(i\phi) \qquad (4\text{-}16)$$

$$\sinh\phi = \frac{e^{\phi}-e^{-\phi}}{2}$$
$$= \frac{e^{-i(i\phi)}-e^{i(i\phi)}}{2}$$
$$= -i\frac{e^{i(i\phi)}-e^{-i(i\phi)}}{2i}$$
$$= -i\sin(i\phi) \qquad (4\text{-}17)$$

の関係があることがわかります。つまり双曲線関数は、虚数の回転角 $i\phi$ を持つ三角関数として表せるのです。

（4-10）式と（4-11）式を（4-14）式と（4-15）式の双曲線関数と（4-16）式と（4-17）式の三角関数を使って順に表すと

$$x' = x\gamma + (ict)(i\beta\gamma)$$
$$= x\cosh\phi + (ict)i\sinh\phi$$
$$= x\cos(i\phi) + (ict)\sin(i\phi)$$

$$ict' = -x(i\beta\gamma) + (ict)\gamma$$
$$= -xi\sinh\phi + (ict)\cosh\phi$$
$$= -x\sin(i\phi) + (ict)\cos(i\phi)$$

となり、まとめると

$$x' = x\cos(i\phi) + (ict)\sin(i\phi)$$
$$ict' = -x\sin(i\phi) + (ict)\cos(i\phi)$$

となります。この2式を(4-8)式及び(4-9)式と比較するときわめてよく似ていることがわかります。これは、

$$x_0, x_0' \leftrightarrow x, x' \quad と \quad y_0, y_0' \leftrightarrow ict, ict'$$

の対応関係と

$$\theta \leftrightarrow i\phi$$

の対応関係を使えば、ローレンツ変換をサインとコサインを使った座標回転として表せることを示しています。この座標回転では図4-6のようにx軸とict軸が、虚数の角$i\phi$回転して、x'軸とict'軸に変換されます。もちろん読者の中には、「虚数の角度」とはいったいどのようなイメージを持てばよいのかと疑問を持たれる方もいると思いますが、残念ながら筆者も虚数の角度をイメージすることはで

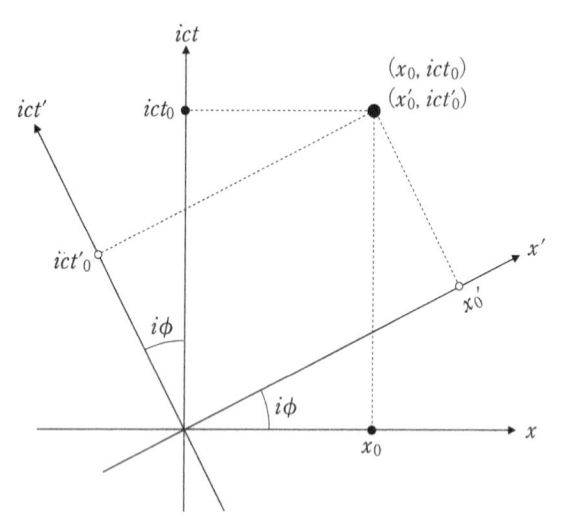

図4-6 ローレンツ変換を座標回転で表す

きません。

なお ϕ と β、γ との対応関係をさらにまとめると、(4-15) 式を (4-14) 式で割って

$$\frac{\sinh\phi}{\cosh\phi} = \beta \qquad (4\text{-}18)$$

となり、左辺に (4-16) 式と (4-17) 式を使うと

$$\frac{-i\sin(i\phi)}{\cos(i\phi)} = \beta$$

となります。よって、ϕ と β との関係は、両辺に i をかけて

120

$$\tan(i\phi) = \frac{\sin(i\phi)}{\cos(i\phi)} = i\beta \quad \left(= i\frac{V}{c} \right) \quad (4\text{-}19)$$

となります。

■速度の合成を座標回転で求める

前章で見た速度の合成は、2回のローレンツ変換に対応します。ローレンツ変換が座標の回転に対応するということは、前章の速度の合成が2回の座標の回転に対応することを意味します。合成する速度を $\beta_1 = \frac{V_1}{c}$ と $\beta_2 = \frac{V_2}{c}$ とします。それぞれの回転角 ϕ_1, ϕ_2 との関係は（4-19）式から

$$\tan(i\phi_1) = i\beta_1 \quad (4\text{-}20)$$
$$\tan(i\phi_2) = i\beta_2 \quad (4\text{-}21)$$

です。2回の座標回転の結果、元の座標からは $\phi_1 + \phi_2$ の角度を回転するわけですから、$i(\phi_1 + \phi_2)$ に対応する β を求めれば、β から V を求められます。この計算には次のように、三角関数のタンジェントの和の公式（付録参照）が使えます。

$$\tan\{i(\phi_1 + \phi_2)\} = \frac{\tan(i\phi_1) + \tan(i\phi_2)}{1 - \tan(i\phi_1)\tan(i\phi_2)}$$

（(4-20)式と(4-21)式を使うと）

$$= i\frac{\beta_1 + \beta_2}{1 + \beta_1 \beta_2}$$

$$= i\frac{1}{c} \frac{V_1 + V_2}{1 + \frac{V_1 V_2}{c^2}}$$

となります。この結果を（4-19）式と見比べると、2回のローレンツ変換によって合成された速度が

$$\frac{V_1 + V_2}{1 + \frac{V_1 V_2}{c^2}}$$

となることがわかります。これは（3-10）式で求めた速度の合成の結果と同じであり、「ローレンツ変換を座標の回転と見なすこと」が正しいということを示しています。

図4-1のミンコフスキー図ではローレンツ変換後の x' 軸と ct' 軸は直交しない斜交軸になっています。それに対して図4-6ではローレンツ変換後も x' 軸と ict' 軸は直交しています。とすると、図4-1より図4-6の方が優れているように思えます。ではどうして相対性理論の解説書では図4-1がよく使われていて、図4-6はほとんど現れないのでしょうか？

これは、実は図4-6で現れる虚数の角度を図示できないからです。（4-18）式に従って、β がわかれば ϕ は求められるのですが、ϕ は実数です。とすると、$i\phi$ は虚数になりますが、この虚数の角度を図に描けないのです。

というわけで、図4-6は実用性には乏しいのですが、

第4章 ミンコフスキー空間——新しい時空間の描像

ローレンツ変換は、虚数角の座標回転である

と、たったの一文でローレンツ変換を表現できてしまうところに、図4-6のおもしろさがあります。

■ローレンツ変換を行列で表す

　ローレンツ変換は座標変換なので、行列を使って表せます。例えば、(4-8) 式と (4-9) 式の座標回転は行列を使って

$$\begin{pmatrix} x_0' \\ y_0' \end{pmatrix} = \begin{pmatrix} \cos\theta & \sin\theta \\ -\sin\theta & \cos\theta \end{pmatrix} \begin{pmatrix} x_0 \\ y_0 \end{pmatrix}$$

と書けます。同様に (L-1) 式と (L-2) 式を2行2列の行列を使って書くと

$$\begin{pmatrix} ct' \\ x' \end{pmatrix} = \begin{pmatrix} \gamma & -\gamma\beta \\ -\gamma\beta & \gamma \end{pmatrix} \begin{pmatrix} ct \\ x \end{pmatrix}$$

となります。この行列の1行目が (L-2) 式に対応し、2行目が (L-1) 式に対応します。ここでは、変数を ict とすると、行列の成分にも虚数が混じって取り扱いが面倒になるので、変数には実数の ct を使っています。

　これは2行2列の小さな行列でシンプルですが、y 軸や z 軸の変換も含めた4次元の場合も書いてみましょう。ローレンツ変換では、$y'=y$ であり、また $z'=z$ なので、さきほどの行列にこれらの性質を加えると、ローレンツ変換は

$$\begin{pmatrix} ct' \\ x' \\ y' \\ z' \end{pmatrix} = \begin{pmatrix} \gamma & -\gamma\beta & 0 & 0 \\ -\gamma\beta & \gamma & 0 & 0 \\ 0 & 0 & 1 & 0 \\ 0 & 0 & 0 & 1 \end{pmatrix} \begin{pmatrix} ct \\ x \\ y \\ z \end{pmatrix} \quad (4\text{-}22)$$

で表されます。

次にローレンツ逆変換についても考えてみましょう。慣性系K′から見たK系の相対速度は$-V$となるので、この行列のβを$-\beta$に置き換えれば、ローレンツ逆変換になります。よって、ローレンツ逆変換は

$$\begin{pmatrix} ct \\ x \\ y \\ z \end{pmatrix} = \begin{pmatrix} \gamma & \gamma\beta & 0 & 0 \\ \gamma\beta & \gamma & 0 & 0 \\ 0 & 0 & 1 & 0 \\ 0 & 0 & 0 & 1 \end{pmatrix} \begin{pmatrix} ct' \\ x' \\ y' \\ z' \end{pmatrix} \quad (4\text{-}23)$$

で表されます。行列を使うと、このようにローレンツ変換を簡単に表せます。

■光円錐

ミンコフスキー図に、「時間 $t=0$ のときにx軸の原点$x=0$ を通って、x軸上を等速直線運動する粒子」の世界線（軌跡）を描いてみましょう。この粒子の世界線は図4-7のようにct軸から左右に45度以内の角度で傾いた直線になります。

次に、光の世界線を描いてみましょう。ct軸から時計回りに45度傾いた線が（$t=0$ に原点を通って）x方向に進

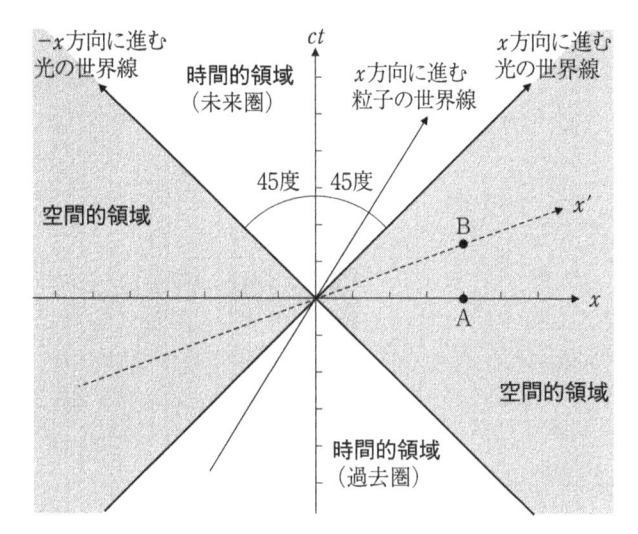

第4章 ミンコフスキー空間——新しい時空間の描像

図4-7 時間的領域と空間的領域

む光の世界線を表しています。また、反時計回りに45度傾いた線が（$t=0$ に原点を通って）$-x$ 方向に進む光の世界線を表しています。これらの2つの線より角度の大きい（45度以上の）世界線を描く粒子が仮に存在すれば、それは光速を超えてしまうことになります。現時点では、（真空中の）光速を超える現象はまだ観測されていません。

この光速より遅い領域を**時間的領域**と呼びます。この時間的領域のうち、原点より下側を過去圏と呼び、原点より上を未来圏と呼びます。時間 $t=0$ に、x 軸の原点 $x=0$ に立っている観測者から見ると、この後で見るように未来圏に存在する点は、必ず観測者より未来に存在します。一方、過去圏に存在する点は、必ず観測者より過去に存在

125

します。

　時間的領域以外の範囲を、**空間的領域**と呼びます。例えば、図4-7のようにx軸上の点Aに物体が存在したとすると、原点に静止している観測者から見れば、同じ時間の$t=0$に、空間的に離れた点Aに物体を観測することになります。また、点Bに物体が存在する場合には、K系の原点に静止している観測者にとっては、物体は$t>0$の未来に存在しますが、観測者がx軸の正の方向に等速直線運動する慣性系K′に乗っている場合には、図4-1で見たようにローレンツ変換によってx'軸の傾きは変わるので、時間$t'=0$に、空間的に離れた点Bに物体を観測することも可能です。すなわち、空間的領域とは、ローレンツ変換によって、原点と同じ時間にできる範囲であると言えます。あるいは、原点にいる粒子とは空間的に決して重ならない領域であるとも言えます。このローレンツ変換によるx'軸の傾きは、光速による制限によって図4-2のようにx軸から±45度の範囲までなので、それ以上の傾きを持つ領域は、時間的領域になります。すなわち時間的領域の未来圏にある点は必ず未来に存在し、過去圏にある点は必ず過去に存在します。

　時間$t=0$に、x軸の原点$x=0$に立っている観測者から見ると、(原点以外の)空間的領域にある点は、時間的には同時間になる可能性があっても、空間的には決して観測者と重なることがない点です。一方、(原点以外の)時間的領域にある点は、空間的には重なる可能性があっても、時間的には決して観測者と重なることのない点です。

126

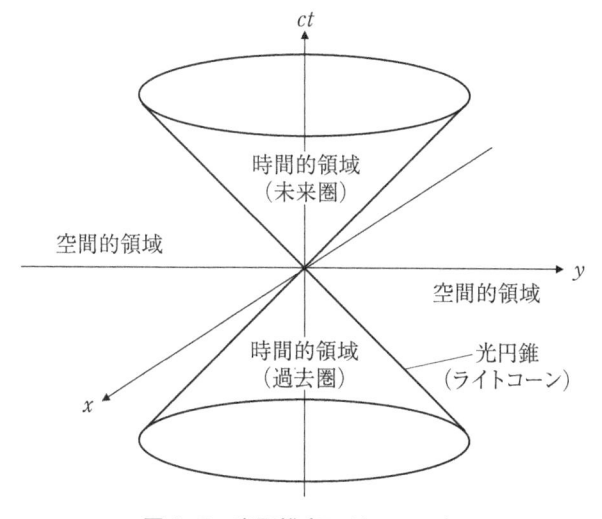

第4章 ミンコフスキー空間――新しい時空間の描像

図4-8 光円錐（ライトコーン）

　図4-7はx軸上の運動だけを考えていましたが、x軸上の運動から拡張してxy平面内を動く粒子についてグラフにすると図4-8になります。ここではxy平面内の様々な方向に進む光の世界線は、このように円錐状になります。そこでこれを**光円錐**（ライトコーン）と呼びます。さらに拡張して、xyzの3次元空間内を動く粒子にも対応するミンコフスキー図も描きたいところですが、2次元の紙の上に描くのは容易ではありません。光円錐は、さきほどのx軸上の運動では1次元の「線」になり、xy平面内の運動では2次元の「面（光円錐の側面）」になるので、xyz空間ではその延長として「空間」になると予想されます。

さて本章ではミンコフスキー空間とミンコフスキー図を理解しました。ローレンツ変換と時空間の関係が具体的な描象となって、脳裏にしっかりと刻まれたことでしょう。次章では、相対性理論のもとに新たに組み換えられる「力学」を見てみましょう。従来のニュートン力学はどのように形を変えるのでしょうか。

マイケルソン・モーレーの実験

第1章に登場したマイケルソン・モーレーの実験では、実際には $L_1 = L_2$ とするのは難しいので、図1-4の実験の後で、水平を維持したまま実験装置を90度回転させて「ハーフミラーと鏡2の間の光路」を地球の公転方向と平行にして実験し、その差を比べました。この場合、この2回の実験での光路差は、第1章で求めた0.2波長の2倍になります。

90度回転させるためには、干渉計はそれなりにコンパクトでなければなりませんが、一方で、L_1 や L_2 は長い方が測定精度が上がります。そこで、マイケルソンらは、図4-9のように1辺約1.5mの正方形の石の台座の上に干渉計を設置し、この台座を円形のフロートの上に載せました。このフロートは、図4-9の円筒形の下部（数字の目盛りのある部分）の中に溜められた水銀の上に浮いていて、容易に水平に90度回転させられました。水銀を使ったのは、水銀は水などより比重がかなり大きいため、相対的に少ない量で重いものを浮かせられるからです。台座の1辺の長さは1.5mしかないので、上面図に記されているように鏡を使って多数回反射させることで、11mの長さの光路にしていました。

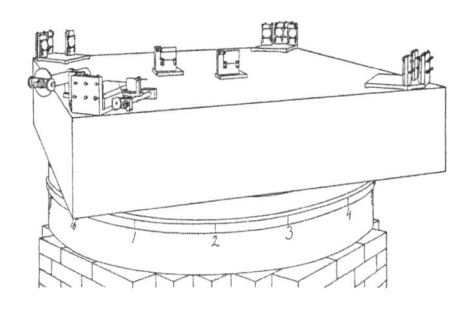

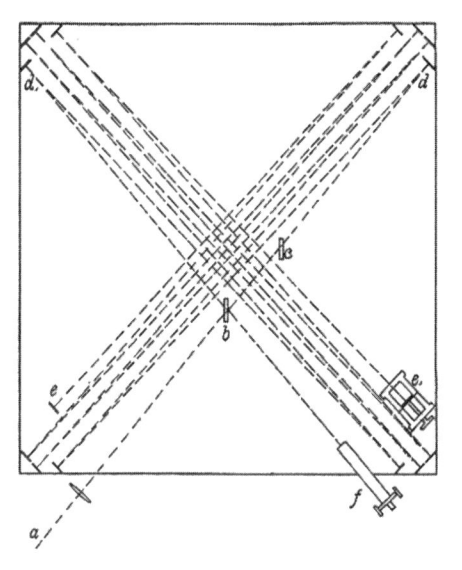

第４章 ミンコフスキー空間──新しい時空間の描像

図4-9 マイケルソン・モーレーの実験
系俯瞰図（上）と平面図（下）

マイケルソン・モーレーの実験の光源はランプだったので光は周囲に広がります。実験では、レンズを使ってその光の一部を平行光線にして使用しました。1960年にアメリカのメイマンによって最初のレーザーが開発されると、レーザー光が持つ「指向性が高く可干渉性が高い」という性質を利用して改良された実験が複数回行われました。いずれも、公転方向とその垂直方向では、光速に有意の差は無いという実験結果が得られています。

第2部
相対論的力学編

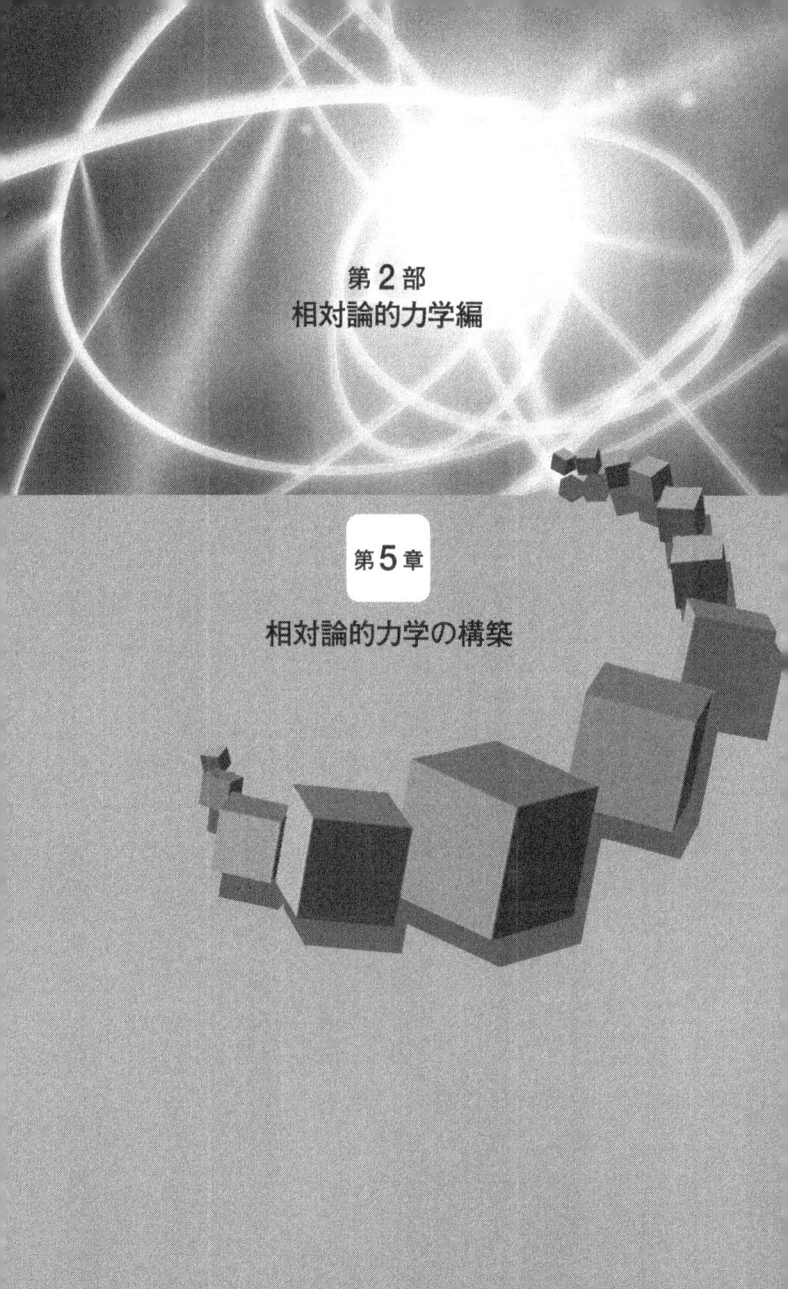

第5章

相対論的力学の構築

■ニュートン力学からの改革

ここまで見たようにローレンツ変換が正しいとすると、時間と空間の概念は大きく変わることになります。ガリレオやニュートンが切り開いたニュートン力学も、相対性理論の下で改革する必要があるでしょう。本章ではそれを見ていきます。ここではまずニュートン力学の運動方程式を振り返りましょう。

ニュートン力学の運動方程式は、物体にかかる力 F を、物体の質量 m と加速度 a で

$$F = ma \qquad (5\text{-}1)$$

と表します。これは漢字で書くと

（物理的）力＝質量×加速度

という関係です。これらの記号 F, m, a は、英語の force（力）、mass（質量）、acceleration（加速度）に対応しています。この式は、例えば質量 1kg の鉄球があったとして、それを空気の抵抗や摩擦のない空間で加速度 1m/s^2（1 秒ごとに 1m/s ずつ速度が速くなる加速度）で加速するには、そのかけ算の 1kg·m/s^2 の力（この単位をニュートンと呼び、記号 N で表します）を加え続ける必要があることを表しています。ここで力と呼ばれている物理量は、日本語の単語の「力」の意味とは必ずしも一対一では対応しないので、「物理的力」とでも呼んだ方がよいのかもしれません。

ニュートンの運動方程式は、高校の物理では（5-1）式

で表されますが、大学の物理学ではこれを微分を使って表します。速度 v は、「短い時間 dt」で「(短い時間 dt の間に) 進んだ距離 dx」を割った量なので、数式で表すと

$$v = \frac{dx}{dt} \quad (5\text{-}2)$$

となります。また、加速度 a は、「短い時間 dt」で「(短い時間 dt の間の) 速度の変化 dv」を割った量なので、数式で表すと

$$a = \frac{dv}{dt} \quad (5\text{-}3)$$

となります。(5-3) 式に (5-2) 式を代入すると、座標 x と加速度 a の関係は

$$a = \frac{dv}{dt} = \frac{d}{dt}\frac{dx}{dt} = \frac{d^2x}{dt^2}$$

となり、時間による2次微分で表されます。よって、ニュートンの運動方程式を微分を使って表すと

$$F = ma = m\frac{d^2x}{dt^2} \quad (5\text{-}4)$$

となります。運動量 p は 質量×速度 で定義されているので ($p = mV$)、この運動方程式を

$$F = \frac{dp}{dt} \quad (5\text{-}5)$$

と表すことも可能です。

　第1章で述べたように、相対性理論以前には、慣性系 K と K′ で観測した物理現象は同一の時間 t で表されると考えられていました。この場合、慣性系 K に対して相対速度 V で x 軸方向に慣性系 K′ が進むとすると、慣性系 K の座標 x と慣性系 K′ の座標 x' はガリレイ変換によって

$$x = x' + Vt \quad (5\text{-}6)$$

の関係で結ばれていると考えられていました（(1-1) 式に対応します）。

　ここで、運動方程式である (5-4) 式の x に (5-6) 式を代入して、K′ 系での運動方程式に変換してみましょう。すると

$$\begin{aligned}
F &= m\frac{d^2x}{dt^2} \\
&= m\frac{d}{dt}\frac{d}{dt}(x' + Vt) \\
&= m\frac{d}{dt}\left(\frac{dx'}{dt} + V\right) \\
&= m\frac{d^2x'}{dt^2} + m\frac{dV}{dt}
\end{aligned}$$

となります。2つの慣性系の相対速度である V は定数なので $\dfrac{dV}{dt}=0$ となるので、

$$F = m\dfrac{d^2 x'}{dt^2} \qquad (5\text{-}7)$$

となります。つまり、K系の運動方程式の(5-4)式とK′系の運動方程式の(5-7)式は同じ形になります。したがって、ニュートンの運動方程式は「ガリレイ変換に対して共変的である」ということになります。

しかし、本書で見てきたように、ある慣性系と別の慣性系をつなぐ関係は、ガリレイ変換ではなくローレンツ変換であることが明らかになりました。したがって、力学の体系もローレンツ変換に対応するように書き直す必要があります。

■運動量保存則は成立するか？

相対性理論のもとで書き直された力学を**相対論的力学**と呼びます。ニュートン力学では、運動量保存則とエネルギー保存則という2つの重要な保存則が成り立ちました。ここでは、運動量保存則が相対性理論のもとでどのように書き換えられるのか見てみましょう。

運動量保存則について考える例として、質量 m の球AとBが衝突する場合を考えることにしましょう。これを慣性系Kで観測したとします。このとき、図5-1のように最初は球Aが x 方向に速さ V で進むのが観測され、一

K系

質量 m、速度 V の球A、速度 $-V$ の球B

K系では運動量保存則が成立しますが、

$$mV - mV = 0$$

K'系

相対速度 $-V$

速度 $\dfrac{2V}{1+\dfrac{V^2}{c^2}}$ の球A、速度 0 の球B

K'系では成立しなくなります。

$$m \times \dfrac{2V}{1+\dfrac{V^2}{c^2}} + m \times 0 \neq 2mV$$

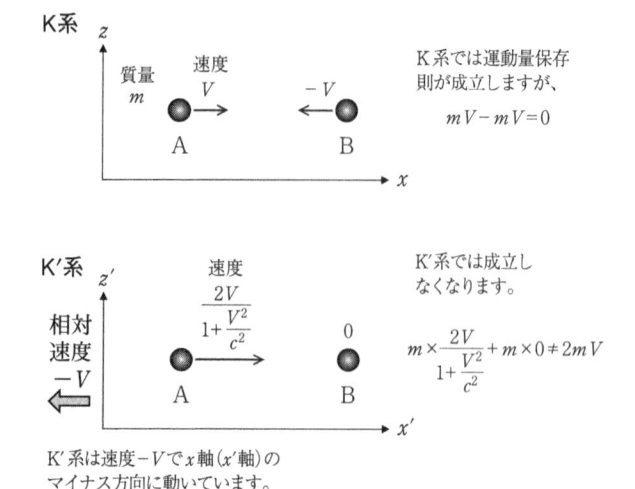

K'系は速度 $-V$ で x 軸(x'軸)のマイナス方向に動いています。

図5-1 球の衝突の運動量保存則について考えよう

方、球Bは $-x$ 方向に速さ V で進むのが観測されました。そして衝突後は、2つの球は合体して（慣性系Kに対して）静止したとします。運動量 p は 質量×速度 で定義されているので（$p = mV$）、慣性系Kで観測したこの衝突に運動量保存則を適用すると

$$mV - mV = 0$$

となります。左辺が衝突前のそれぞれの球の運動量の和で、右辺が衝突後の運動量です。

次に、この衝突を慣性系Kに対して速さ V で x 軸のマイナス方向に進んでいる慣性系K'から観測した場合を考

えましょう(図5-1下)。K′系の動く方向をこれまでと逆にするのは、たんにこの後の計算で現れるマイナス記号の数を減らすためです。K′系の動く方向をこれまでと同じ x 軸のプラス方向にしても以下と同様の結果が得られます。

このとき、慣性系 K′ から観測した球 A の速度は、速度の合成則の (3-12) 式によって、

$$\frac{V+V}{1+\frac{V\times V}{c^2}}=\frac{2V}{1+\frac{V^2}{c^2}} \qquad (5\text{-}8)$$

となります。よって、球 A の衝突前の運動量は、これに質量 m をかけて

$$\frac{2mV}{1+\frac{V^2}{c^2}}$$

となります。一方、球 B と K′ 系の速度は同じなので、K′ 系での球 B の速度はゼロです。(3-12) 式の速度の合成則を使っても

$$\frac{V-V}{1+\frac{V\times(-V)}{c^2}}=0$$

となります。

衝突後に A と B は跳ね返らずに合体するので、衝突後

のAとBの速さは慣性系K′から見た慣性系Kの相対速度と同じ V です。よって、K′系で観測した衝突後の運動量は $2mV$ となります。

これらの結果から、この衝突をK′系から見た運動量保存則として書こうとすると

$$m \times \frac{2V}{1+\frac{V^2}{c^2}} + m \times 0 \neq 2mV \qquad (5\text{-}9)$$

となります。このように、左辺と右辺の値は異なり、もはやニュートン力学の運動量保存則は成り立たなくなります。

運動量保存則が成り立たないのは、力学という学問の体系にとって望ましくないだろうとは誰もが感じると思われるので、相対性理論のもとで運動量保存則が成立するように改良する必要があります。(5-9) 式を再度眺めると、速度についてはすでに相対性理論の影響を考慮したことを再確認できます。その結果、速度の合成則が変わったことにより、この式で等号が成り立たなくなったわけです。

とすると、この式で相対論的効果をまだ考慮していないのは、質量であることに気づきます。ニュートン力学では、衝突の前後で質量が変わらないという質量保存則も同時に成り立つものと考えてきました。この衝突でも、衝突前の質量を左辺に書き、衝突後の質量を右辺に書くと

$$m + m = 2m \qquad (5\text{-}10)$$

が成り立つと考えていました。

　この (5-9) 式と (5-10) 式を相対性理論のもとで整合するように改良するためには、「ある慣性系で観測した物体の速さ v に依存して質量が変化する」と考える必要があるのではないかということに気づきます。つまり、質量は定数ではなく、速さ v によって変わる関数

$$m(v)$$

になると仮定するのです。K′ 系から観測した球 A の速さは (5-8) 式で表されますが、表記を簡単にするために、これを v で表すことにしましょう。

$$v \equiv \frac{2V}{1+\frac{V^2}{c^2}} \qquad (5\text{-}11)$$

すると、質量保存則を表す (5-10) 式の左辺は、K′ 系から観測した場合には、$m+m$ ではなく、

$$m(v)+m(0)$$

になります。衝突後の質量も速さに依存すると仮定して $M(V)$ と書くことにすると（K′ 系から観測した衝突後の球 A と B の速さは V なので）、(5-10) 式の質量保存則は

$$m(v)+m(0)=M(V) \qquad (5\text{-}12)$$

と書き換えられます。これが相対論的力学での質量保存則

です。

　続いて、これらの質量を使って (5-9) 式の運動量保存則を書き換えると、

$$m(v) \times \frac{2V}{1+\frac{V^2}{c^2}} + m(0) \times 0 = M(V)V \quad (5\text{-}13)$$

となります。この (5-12) 式と (5-13) 式の連立方程式から $m(v)$ を求めましょう。(5-13) 式の $M(V)$ に (5-12) 式を代入すると

$$m(v) \times \frac{2V}{1+\frac{V^2}{c^2}} = \{m(v) + m(0)\}V$$

となり、これを $m(v)$ について解くために、両辺を V で割って右辺の $m(v)$ を左辺に移すと

$$m(v) \times \frac{2}{1+\frac{V^2}{c^2}} - m(v) = m(0)$$

$$\therefore m(v) \times \frac{1-\frac{V^2}{c^2}}{1+\frac{V^2}{c^2}} = m(0)$$

となり、$m(v)$ をもとめると

第 5 章　相対論的力学の構築

$$m(v) = \frac{1+\dfrac{V^2}{c^2}}{1-\dfrac{V^2}{c^2}} m(0) \quad (5\text{-}14)$$

となります。これが $m(v)$ と $m(0)$ の関係です。分数の項は V で書かれているので、これを v で書き直してみましょう。

$$\gamma \equiv \frac{1}{\sqrt{1-\left(\dfrac{v}{c}\right)^2}}$$

とおくと、(5-14) 式の分数が γ に等しいことが確かめられるので（付録参照）、(5-14) 式は

$$m(v) = \gamma m(0) = \frac{m(0)}{\sqrt{1-\left(\dfrac{v}{c}\right)^2}} \quad (5\text{-}15)$$

となります。これで運動量保存則を満たす $m(v)$ が求まりました。右辺の $m(0)$ は、速さがゼロのときの質量なので**静止質量**と呼びます。本書では、これ以降は静止質量は m_0 で表すことにします。

　この結果は、"ある慣性系" から観測した "ある物体" の速さが v であるとき、相対論的力学では、(5-15) 式の質量を使って運動量 p を

$$p = m(v)v = \gamma m_0 v = \frac{m_0 v}{\sqrt{1-\left(\frac{v}{c}\right)^2}} \quad (5\text{-}16)$$

と表せば、運動量保存則を満たすことを意味しています。

　ここでは同じ質量の物体の衝突の例を扱いましたが、(5-16) 式による運動量は一般的な場合に使えます。物体の速さ v が光速 c に比べて極めて遅いときには $\frac{v}{c} \ll 1$ なので、(5-16) 式の運動量は、

$$\frac{m_0 v}{\sqrt{1-\left(\frac{v}{c}\right)^2}} \approx m_0 v$$

となり、ニュートン力学の運動量に近づきます。

■相対性理論での力は？

　相対論的力学のもとで運動量がこのように書けるとすると、力とエネルギーはどのように表されるのでしょうか。運動方程式の (5-5) 式に (5-16) 式の p を代入してみましょう。すると、

$$F = \frac{dp}{dt} = \frac{d}{dt}\left(\frac{m_0 v(t)}{\sqrt{1-\frac{v^2(t)}{c^2}}}\right) \quad (5\text{-}17)$$

となります。これを相対論的力学における〝力〟であると

考えることにします。この力は、$\frac{v}{c} \ll 1$ の場合にはニュートン力学の力とも一致するので、**相対論的力学でのニュートン力**と呼びます。なお、この v は慣性系と慣性系の間の相対速度ではなく、物体の速度であることに注意しましょう。

この（5-17）式の右辺は時間微分ですが、次式のように分子の $v(t)$ を微分の外に出せます（付録参照）。

$$F = \frac{d}{dt}\left(\frac{m_0 v(t)}{\sqrt{1-\frac{v^2(t)}{c^2}}}\right) = \frac{1}{v(t)} \frac{d}{dt}\left(\frac{m_0 c^2}{\sqrt{1-\frac{v^2(t)}{c^2}}}\right)$$

(5-18)

■相対性理論でのエネルギー

では次に、エネルギーはどのように書けるのか考えましょう。ニュートン力学で運動エネルギー E の時間変化は

$$\frac{dE}{dt} = Fv \qquad (5\text{-}19)$$

という式で表されます（付録参照）。(5-18) 式の相対論的ニュートン力をこの F に代入すれば相対性理論の運動エネルギー E が得られるのではないかと予想できます。簡単のためにここで F と v はともに x 方向の 1 次元の運動に限定することにします。また、速度は時間の関数なので、$v(t)$ と書くことにします。すると、

$$\frac{dE}{dt} = Fv(t) = \frac{d}{dt}\left(\frac{m_0 c^2}{\sqrt{1-\frac{v^2(t)}{c^2}}}\right)$$

となります。両辺ともに時間 t に関する微分なので、微分されるものを比べると

$$E = \frac{m_0 c^2}{\sqrt{1-\frac{v^2(t)}{c^2}}} = m(v)c^2 \qquad (5\text{-}20)$$

が得られます。これが相対論的力学でのエネルギーです。

この (5-20) 式の (v) を省くと

$$E = mc^2 \qquad (5\text{-}21)$$

となりますが、これが有名な**アインシュタインのエネルギー公式**です。

$\frac{v}{c} \ll 1$ の場合にニュートン力学のエネルギーとどう整合するのか見てみましょう。(5-20) 式の分母のルートを外すために次の近似式（付録参照）を使います。

$$\frac{1}{\sqrt{1-x}} = (1-x)^{-\frac{1}{2}} \approx 1 + \frac{1}{2}x \qquad (x \ll 1 \text{ の場合})$$

すると (5-20) 式は

$$E = \frac{m_0 c^2}{\sqrt{1 - \dfrac{v^2(t)}{c^2}}}$$

$$\approx m_0 c^2 \left(1 + \frac{1}{2}\frac{v^2(t)}{c^2}\right)$$

$$= m_0 c^2 + \frac{1}{2} m_0 v^2(t) \qquad (5\text{-}22)$$

となります。この第2項はニュートン力学の運動エネルギーと同じ

$$\frac{1}{2} m_0 v^2(t)$$

です。(5-22) 式の第1項は相対性理論によって初めて現れます。物体が運動していなくても持っているエネルギーで、これを**静止エネルギー**と呼びます。この項が、原子力のエネルギーなどに関わります。(5-21) 式ではなく、(5-22) 式の第1項をアインシュタインのエネルギー公式と呼ぶ場合もあります。

(5-20) 式を2乗して (5-15) 式を使うと、以下のようにエネルギーと運動量の関係が得られます。

$$E^2(t) = m_0{}^2 c^4 \frac{1}{1-\dfrac{v^2(t)}{c^2}}$$

$$= m_0{}^2 c^4 \frac{1-\dfrac{v^2(t)}{c^2}+\dfrac{v^2(t)}{c^2}}{1-\dfrac{v^2(t)}{c^2}}$$

$$= m_0{}^2 c^4 \frac{1-\dfrac{v^2(t)}{c^2}}{1-\dfrac{v^2(t)}{c^2}} + c^2 m_0{}^2 \frac{v^2(t)}{1-\dfrac{v^2(t)}{c^2}}$$

$$= m_0{}^2 c^4 + c^2 p^2(t) \quad\quad (5\text{-}23)$$

最後の行では（5-16）式を使いました。このエネルギーの表式が（5-22）式とどう違うのだろうと思う読者もいると思います。試しに（5-22）式を2乗してみると

$$E^2(t) = \left(m_0 c^2 + \frac{1}{2} m_0 v^2(t)\right)^2$$
$$= m_0{}^2 c^4 + m_0{}^2 c^2 v^2(t) + \frac{1}{4} m_0{}^2 v^4(t)$$

となり、両者は異なります。どちらが正確かというと、（5-22）式は近似式によって得られた式なのでそれを2乗するよりも、近似式を使っていない（5-23）式の方が正確です。というわけで（5-23）式はよく使われます。また、（5

-23）式の平方根の

$$E=\sqrt{m_0{}^2c^4+c^2p^2} \qquad (5\text{-}24)$$

もエネルギーと運動量をつなぐ式としてよく使われます。

■光量子仮説とコンプトン散乱

　運動量保存則の考察から始めて、相対論的力学のエネルギーにまで到達しました。これらの物理量の式が正しいかどうかは実験によって検証する必要があります。この相対性理論の正しさと、アインシュタインが提唱した光量子仮説の正しさを示したのが**コンプトン散乱**の実験です。

　1905年にアインシュタインが発表した論文のうちの一つは、「振動数 ν の光は、

$$E = h\nu \qquad (5\text{-}25)$$

のエネルギーを持つ光の粒子からなり、その光の粒子は波としての性質もあわせ持っている」という説を述べたものでした。この説を**光量子仮説**と呼びます。この h は、プランクが求めた定数で**プランク定数**と呼ばれ、$h=6.626\times 10^{-34}$Js（単位は、ジュール・秒。ジュールはエネルギーの単位）という値を持ちます。

　アインシュタインはさらに、「光が粒子であるなら運動量を持っているはず」と考えました。1916年に、光の圧力に関する考察から、光の運動量 p はプランク定数を波長 λ で割った

$$p = \frac{h}{\lambda}$$

で表されることを理論的に導きました。

波長 λ ＝光速 c ÷振動数 ν なので

$$= \frac{h\nu}{c} \qquad (5\text{-}26)$$

とも書けます。

アインシュタインが提唱した光の粒子は、後に**光子**と呼ばれるようになりました。(5-24) 式の左辺に光のエネルギーを表す (5-25) 式を代入し、(5-24) 式の右辺の p に光の運動量を表す (5-26) 式を代入すると、$m_0 = 0$ になります。これは、光子の質量がゼロであることを表しています。

アインシュタインが提唱した (5-26) 式の関係は、それから 6 年後の1922年に、アメリカのコンプトン (1892～1962)（写真）による実験によってその正しさが証明されました。実験では、電子に X 線を照射すると、X 線のエネルギーが減るという興味深い結果が得られました。コンプトンは光量子仮説と相対性理論を使って、この実験結果の説

アーサー・コンプトン
©SPL/PPS

第5章　相対論的力学の構築

明に成功しました。

　X線はレントゲンに使われるので、特殊な放射線であるというイメージを持っている読者もいるかもしれませんが、X線は「波長の短い光」の一種です。人間の目に見える可視光の波長はおおよそ400nm（nm＝10^{-9}m）から750nmですが、X線の波長はそれよりずっと短く、波長0.001nmから10nmです。X線は光なので、コンプトンはこの現象を、図5-2のように光子と電子の衝突の問題として考えることにしました。つまり、粒子と粒子の衝突と見なしたのです。粒子と粒子の衝突の問題を解くためには、エネルギー保存則と運動量保存則を満たす必要があり、ここで相対性理論が必要になります。

光子（X線）　　電子　　　　　光子
$h\nu$　　　　$m_0 c^2$　　　$h\nu'$
　　　　　　　　　　θ
　　　　　　　　　　電子
　　　　　　　$E = \sqrt{m_0^2 c^4 + c^2 p^2}$

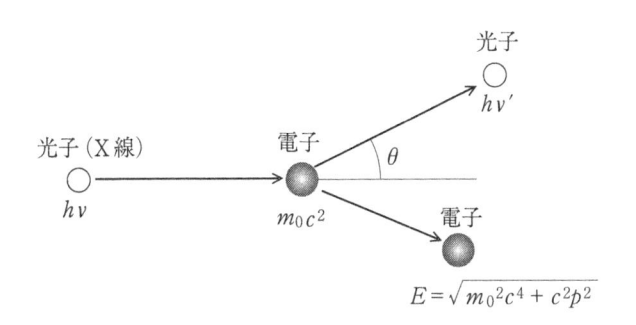

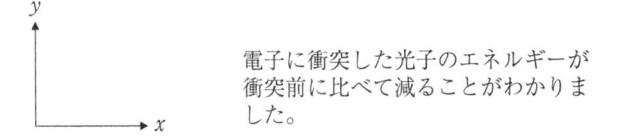

電子に衝突した光子のエネルギーが衝突前に比べて減ることがわかりました。

図5-2　コンプトン散乱——電子に光子を衝突させると？

149

光子のエネルギーと運動量は、(5-25) 式と (5-26) 式を使って、衝突前が $h\nu$ と $\dfrac{h\nu}{c}$ で、衝突後が $h\nu'$ と $\dfrac{h\nu'}{c}$ であるとします。電子の運動エネルギーは衝突前が静止エネルギーの $m_0 c^2$ で、衝突後を E とします。この衝突後のエネルギー E には (5-24) 式を使います。このときエネルギー保存則は、

$$h\nu + m_0 c^2 = h\nu' + \sqrt{m_0{}^2 c^4 + c^2 p^2} \qquad (5\text{-}27)$$

となります。また、運動量保存則は図5-2のように電子が散乱されるとして x 方向と y 方向の電子の運動量を p_x と p_y と書くと、x 方向は、

$$\dfrac{h\nu}{c} = \dfrac{h\nu'}{c}\cos\theta + p_x \qquad (5\text{-}28)$$

であり、y 方向は

$$\dfrac{h\nu'}{c}\sin\theta = p_y \qquad (5\text{-}29)$$

となります。

この (5-27) ～ (5-29) 式のエネルギー保存則と運動量保存則を使って、入射する光子（X 線）のエネルギー $h\nu$ と散乱後の光子のエネルギー $h\nu'$ の関係を求めましょう。(5-28) 式と (5-29) 式を使って $p^2 = p_x{}^2 + p_y{}^2$ を求めると

$$\begin{aligned}p^2 &= p_x{}^2 + p_y{}^2 \\ &= \left(\frac{h\nu}{c} - \frac{h\nu'}{c}\cos\theta\right)^2 + \left(\frac{h\nu'}{c}\sin\theta\right)^2 \\ &= \left(\frac{h\nu}{c}\right)^2 - 2\frac{h\nu}{c}\frac{h\nu'}{c}\cos\theta + \left(\frac{h\nu'}{c}\right)^2\cos^2\theta + \left(\frac{h\nu'}{c}\right)^2\sin^2\theta \\ &= \left(\frac{h\nu}{c}\right)^2 - 2\frac{h\nu}{c}\frac{h\nu'}{c}\cos\theta + \left(\frac{h\nu'}{c}\right)^2 \\ &= \frac{1}{c^2}(h^2\nu^2 - 2h\nu h\nu'\cos\theta + h^2\nu'^2)\end{aligned}$$

となります。これを (5-27) 式に代入すると p^2 が消えて、

$$\begin{aligned}h\nu + m_0 c^2 &= h\nu' + \sqrt{m_0{}^2 c^4 + c^2 p^2} \\ &= h\nu' + \sqrt{m_0{}^2 c^4 + h^2\nu^2 - 2h\nu h\nu'\cos\theta + h^2\nu'^2}\end{aligned}$$

となります。右辺の $h\nu'$ を左辺に移し、

$$h\nu - h\nu' + m_0 c^2 = \sqrt{m_0{}^2 c^4 + h^2\nu^2 - 2h\nu h\nu'\cos\theta + h^2\nu'^2}$$

両辺を 2 乗するとルートが消えて

$$(h\nu - h\nu' + m_0 c^2)^2 = m_0{}^2 c^4 + h^2\nu^2 - 2h\nu h\nu'\cos\theta + h^2\nu'^2 \tag{5-30}$$

となります。この左辺を整理すると、

$$\begin{aligned}\text{左辺} &= (h\nu - h\nu')^2 + 2(h\nu - h\nu')m_0 c^2 + m_0{}^2 c^4 \\ &= h^2\nu^2 - 2h\nu h\nu' + h^2\nu'^2 + 2(h\nu - h\nu')m_0 c^2 + m_0{}^2 c^4\end{aligned}$$

となります。よって、(5-30) 式は

$$h^2\nu^2 - 2h\nu h\nu' + h^2\nu'^2 + 2(h\nu - h\nu')m_0c^2 + m_0^2c^4$$
$$= m_0^2c^4 + h^2\nu^2 - 2h\nu h\nu'\cos\theta + h^2\nu'^2$$

となります。さらに、両辺を整理すると、

$$-2h\nu h\nu' + 2(h\nu - h\nu')m_0c^2 = -2h\nu h\nu'\cos\theta$$

となります。これを $h\nu'$ でまとめると

$$h\nu'(-2h\nu - 2m_0c^2 + 2h\nu\cos\theta) + 2h\nu m_0c^2 = 0$$

となり、よって、

$$h\nu' = \frac{2h\nu m_0c^2}{2h\nu + 2m_0c^2 - 2h\nu\cos\theta}$$
$$= \frac{h\nu m_0c^2}{h\nu + m_0c^2 - h\nu\cos\theta}$$
$$= \frac{h\nu}{1 + \frac{h\nu}{m_0c^2}(1-\cos\theta)}$$

となります。これが散乱後の光のエネルギー $h\nu'$（左辺）を、右辺の入射光のエネルギー $h\nu$ と散乱角 θ の関数として表す式です。右辺の分母は $\theta=0$（よって $\cos\theta=1$）以外は1より大きくなるので、散乱後のエネルギーは、$\theta=0$ の場合を除いてもとの値より小さくなります。

この式を使って散乱の前後での波長の変化を求めると

$$\lambda' - \lambda = \frac{c}{\nu'} - \frac{c}{\nu}$$

$$= \frac{c + \frac{h\nu}{m_0 c}(1-\cos\theta)}{\nu} - \frac{c}{\nu}$$

$$= \frac{h}{m_0 c}(1-\cos\theta) \qquad (5\text{-}31)$$

となります。カッコの左の係数はコンプトン波長と呼ばれていて、その値は次のようになります。

$$\lambda_c \equiv \frac{h}{m_0 c} = \frac{6.626 \times 10^{-34} \text{m}^2\text{kg/s}}{9.109 \times 10^{-31} \text{kg} \times 2.998 \times 10^8 \text{m/s}} = 2.426 \text{ pm}$$

$$(\text{pm} = 10^{-12}\text{m})$$

コンプトンの実験では、波長 70.8 pm(ピコメートル)の X 線を入射させ、$\theta = \frac{\pi}{2}$ に散乱された X 線の波長を測定すると、波長は 73.0 pm に変わっていました。この波長の差は 2.2 pm です。$\theta = \frac{\pi}{2}$ では(5-31)式の右辺の $\cos\theta$ はゼロになるので、理論的な波長の差はコンプトン波長と同じ 2.426 pm です。これは実験結果の 2.2 pm とよく対応しています。コンプトンはまた、ガンマ線(波長 10 pm 以下の光)でも実験を行い、次の表のようによい一致を得ました。

(5-31)式はコンプトン散乱の実験結果とほぼ一致するの

散乱角 θ（ラジアン）	$\frac{\pi}{4}$	$\frac{\pi}{2}$	$\frac{3\pi}{4}$
$\lambda'-\lambda$ の実験値 (pm)	0.8	2.1	4.6
(5-31)式の理論値 (pm)	0.711	2.426	4.141

で、アインシュタインによって導かれた光の運動量と相対性理論の両方の正しさが証明されました。アインシュタインに1921年に贈られたノーベル賞は、主に「光が粒子であるという説＝光量子仮説」に対するものです。コンプトンは、このコンプトン散乱の研究によって1927年にノーベル賞を受賞しました。

■**核エネルギー**

アインシュタインが導いた $E=mc^2$ の式は、1938年に核分裂が発見されると、核エネルギーの開発に道を開くことになりました。核分裂を発見したのは、ドイツのハーン（1879〜1968）とシュトラスマン（1902〜1980）、マイトナー（1878〜1968）でした（写真）。ハーンはいちばん重い元素のウランに中性子を当てると、ウランの半分の重さのバリウムができていることを見つけました。

ハーンの長年の共同研究者だった、オーストリア出身の女性科学者リーゼ・マイトナーは、ユダヤ系であるため、ナチスの迫害を恐れて、この時期にはスウェーデンへ亡命していました。マイトナーはハーンから送られてきた実験データの解析に取りかかり、実験はウランの原子核がほぼ半分に割れる**核分裂**を示していると解釈しました（図5-

第 5 章 相対論的力学の構築

オットー・ハーン（左）とリーゼ・マイトナー（右）
©akg/PPS

3)。そして、核分裂の前後の質量の変化をアインシュタインが導いた関係式 $E=mc^2$ に入れてエネルギーを求めた結果、1回の核分裂で化学反応とは桁違いに大きいエネルギーを放出することに気づいたのです。これが核分裂の発見でした。

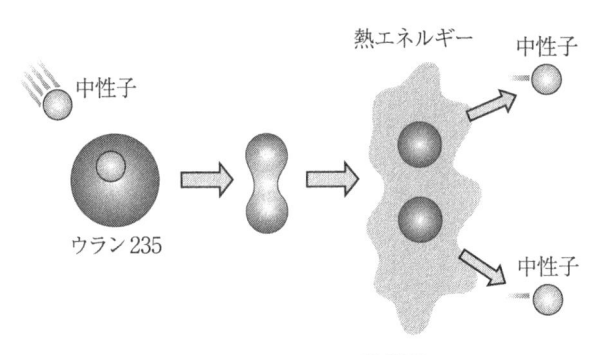

図5-3　ウランの核分裂

この核分裂の発見の後、すぐに新しい現象の可能性がシラード（1898～1964）らによって指摘されました。それは、核分裂によって、新たに2～3個の中性子が発生し、この中性子が周りのウランにぶつかると、またそのウランが分裂して、エネルギーと中性子を発生させると考えられ、その中性子がまたウランにぶつかると……、この核分裂は連鎖的に続き、莫大なエネルギーを周りに放出するのではないかという可能性です。

　これを**連鎖反応**と呼び、連鎖反応が持続する状態を**臨界**と言います。これが一瞬のうちに起こると核爆発になります。原子炉では、爆発的な連鎖が起こらないように、ウラン235の濃度は、2～4％に低く抑えられています。また、連鎖反応を抑制するために、中性子を吸収する物質を用いた制御材を使います。連鎖反応を抑制しながら、熱エネルギーを取り出すのです。

　ハーンは核分裂の研究で、1944年に、ノーベル化学賞を受賞しました。マイトナーは受賞できませんでしたが、後に原子番号109番の人工元素はマイトナーの栄誉をたたえて、マイトネリウムと名付けられました。ハーンは、ドイツの敗戦後、連合国によって1946年春までイギリスに抑留されました。抑留時に聞いた広島・長崎の原爆投下のニュースには大きな衝撃を受けたようです。

■1gのエネルギー

　質量1gのエネルギーがどれぐらいの大きさなのか、発電所で生み出されるエネルギーと比べてみましょう。ま

ず、1g を $E=mc^2$ の式を使ってエネルギーの単位の J（ジュール：kgm²/s²）に換算すると

$$\begin{aligned}
E &= mc^2 \\
&= 1\text{g} \times (30\text{万km/s})^2 \\
&= 1\text{g} \times (3\times 10^8\text{m/s})^2 \\
&= 10^{-3}\text{kg} \times 9 \times 10^{16}\text{m}^2/\text{s}^2 \\
&= 9 \times 10^{13}\text{J}
\end{aligned}$$

となります。一方、100万 kW（キロワット）の発電所が1秒間に生み出すエネルギーは

$$\begin{aligned}
100\text{万kW} \times 1\text{s} &= 100\text{万kJ} \\
&= 1 \times 10^9 \text{J}
\end{aligned}$$

です。これで1g のエネルギーを割ると

$$9 \times 10^{13}\text{J} \div 1 \times 10^9 \text{J} = 9 \times 10^4$$

となり、1g のエネルギーは、100万 kW の発電所が9万秒間に生み出すエネルギーに等しいことがわかります。1日は、60秒×60分×24時間＝86400秒 で1時間は3600秒なので、9万秒は1日と1時間です。よって、1g のエネルギーは、100万 kW の発電所が1日と1時間で生み出すエネルギーに対応します。

このように微小な質量をエネルギーに変えられれば、莫大なエネルギーを得られることがわかります。質量を効率的にエネルギーに変えられる物理現象には核分裂のほかに核融合があります。太陽などの恒星が放出するエネルギー

は核融合によるものです。

学生時代以降のアインシュタイン

アインシュタインがチューリッヒ工科大学に入学したのは1896年です。在学中に4歳年上のミレヴァ・マリッチと出会い1903年に結婚しました。現在とは違って女子大学生が稀な時代でした。ミレヴァとの間には、1女と2男が生まれましたが、長女は結婚前の子供でその後の記録が明らかではありません。長男は後にカリフォルニア大学バークレー校の教授になりました。アインシュタインが大学を卒業したのは1900年で、定職につくのに苦労し、大学時代の友人グロスマンの父の紹介でベルンのスイス連邦特許局に職を得ました。特殊相対性理論の発表は1905年でした。

アインシュタインは特殊相対性理論の発表から4年後の1909年に大学のポストを得ることができ、短い期間に、チューリッヒ大学、プラハのドイツ大学と移り、1912年にチューリッヒ工科大の教授になりました。ドイツを代表するベルリン大学の教授になったのは1914年のことです。一般相対性理論の発表は1915年でした。相対性理論はおもにミレヴァとの結婚期間中の業績でした。

最初は幸せな家庭生活だったようですが、ミレヴァとはやがて不仲になりました。アインシュタインがベルリンに移ってからは、ベルリンとチューリッヒの別居生活になり、1919年に離婚が成立しました。ノーベル賞を受賞して賞金が入れば、慰謝料を払うという約束があったようです。同年に従姉妹のエルザと再婚しています。

第 5 章　相対論的力学の構築

　ノーベル賞の授賞が発表されたのは1922年11月で、このときアインシュタインはエルザとともに日本への招待旅行の船上でした。招待したのは、当時（大正時代）の総合評論雑誌「改造」を発刊していた改造社の社長の山本実彦です。アインシュタインはラフカディオ・ハーンの文学を通じて日本に大きな関心を抱いていました。アインシュタインが受賞したのは、前年度に受賞者の決まらなかった1921年のノーベル物理学賞でした。日本への旅行中だったので1922年の授賞式には出られませんでした。

　1930年代に入ってナチスの力が強くなると1932年にドイツを離れ、1933年にアメリカのプリンストン大学の教授になりました。当時はナチスの迫害から逃れるために、多くのユダヤ系の科学者がドイツを離れました。

　核分裂が発見されると、物理学者のシラードらはナチスによる核兵器の開発を懸念するようになりました。シラードは1939年に、原爆を開発すべきという手紙をルーズベルト大統領宛に書き、それにアインシュタインが署名しました。1945年に広島と長崎に原爆が落とされた後は、この手紙への署名を後悔しています。

　亡くなったのは1955年です。米ソの水爆開発競争が始まっていました。亡くなる 1 週間前に、イギリスの哲学者ラッセルとともに核兵器の廃絶を訴える「ラッセル＝アインシュタイン宣言」に署名しました。この宣言には湯川秀樹も名を連ねています。ナチスの迫害と第 2 次世界大戦を体験したアインシュタインは、「将来のどのような世界戦争においても核兵器は必ず使用されるであろう（in any future world

159

war nuclear weapons will certainly be employed)」と述べるこの宣言において、人類が人類を滅ぼす可能性が決して低くはないと考えていました。

第6章

相対論的力学の体系化
—— 4元ベクトルとテンソル

■相対論的力学の体系化

前章で求めた相対論的運動量や相対論的なニュートン力が、相対論的力学の中でどのように体系化されるのか見てみましょう。

相対性理論の登場によって、それまで信じられていた「時間は絶対的な座標であって、どの慣性系でも同じように流れる」という概念が崩れました。相対性理論以前のニュートン力学では、(5-2) 式や (5-3) 式のように速度 v や加速度 a は時間 t による微分として表され、それぞれ時間 t の関数として $v(t)$ や $a(t)$ として表せました。しかし、相対性理論の登場後はこの時間 t が慣性系によって異なることがわかりました。とすると、従来使われていた時間 t の代わりに、どの慣性系でも変わらない（時間 t に似た）スカラー量を新たに導入することが望まれます。

ローレンツ変換によって値の変わらないスカラー量というと、(4-5) 式で表される世界距離が思い出されます。特に世界距離では、(4-7) 式の微小な変位もローレンツ変換に対して共変的であることをすでに見ました。

$$ds^2 \equiv dx^2 + dy^2 + dz^2 - c^2 dt^2 \qquad (4\text{-}7)$$

速度 v の x, y, z 成分を v_x, v_y, v_z と書くことにすると（ここで、$v^2 = v_x^2 + v_y^2 + v_z^2$ です）、速度の定義から

$$v_x = \frac{dx}{dt}, \quad v_y = \frac{dy}{dt}, \quad v_z = \frac{dz}{dt}$$

です。これを書き直すと

第6章 相対論的力学の体系化 ── 4元ベクトルとテンソル

$$dx = v_x dt, \quad dy = v_y dt, \quad dz = v_z dt$$

となるので、これらを（4-7）式に代入すると

$$ds^2 = v_x{}^2 dt^2 + v_y{}^2 dt^2 + v_z{}^2 dt^2 - c^2 dt^2$$
$$= (v^2 - c^2) dt^2$$

となります。この量はローレンツ変換に対して不変なので、直感的にわかるようにこの平方根や、これに定数をかけた量もローレンツ変換に対して不変です。物体の速度 v は光速 c を超えず $v<c$ なので、両辺にマイナスをかけて正の値をとるようにして（$c^2-v^2>0$）平方根をとると

$$\sqrt{-ds^2} = \sqrt{c^2 - v^2}\, dt$$

となります。さらに、これを光速 c で割った量を $d\tau$ と定義します。

$$d\tau \equiv \frac{\sqrt{-ds^2}}{c} = \frac{\sqrt{c^2-v^2}\,dt}{c} = \sqrt{1-\left(\frac{v}{c}\right)^2}\,dt \quad (6\text{-}1)$$

この $d\tau$ も同じくローレンツ変換に対して不変です。この量 τ（タウ）の単位（次元）は、右辺からわかるように dt と同じ〝時間〟なのでこれを相対性理論での絶対時間とみなせるということになります。ミンコフスキーは、この「ローレンツ変換に対して不変で、時間と同じ単位（次元）を持つ τ」を**固有時**と名付けました。

原点を出発したある物体のミンコフスキー空間内の世界線が、図6-1のようにジグザグだったとすると、そのジグ

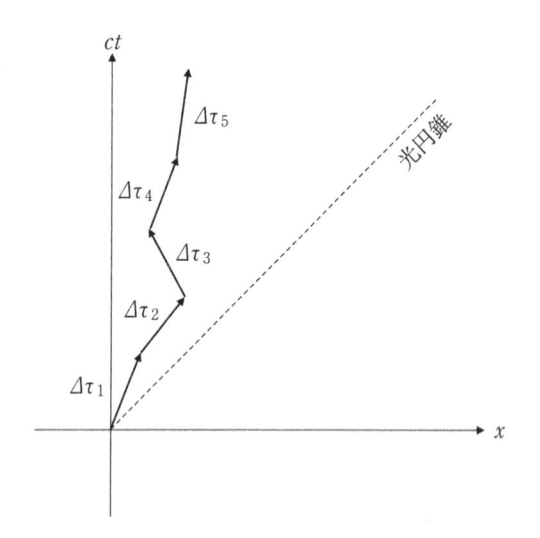

図6-1 ジグザグの世界線と固有時

ザグの $\Delta\tau$ の和である

$$\sum_{i=1}^{5}\Delta\tau_i = \Delta\tau_1 + \Delta\tau_2 + \Delta\tau_3 + \Delta\tau_4 + \Delta\tau_5$$

は、その個々の $\Delta\tau_i$ がローレンツ変換に対して不変なので、どの慣性系においても同じ値になります。この和は、物体の経路がもっとなめらかに変わるときには、経路に沿った積分で書けます。

$$\sum_{i=1}\Delta\tau_i \to \int d\tau$$

ミンコフスキー空間内を移動したとき、その始点と終点

164

の座標だけでは固有時は求まりません。固有時を求めるためには、このように物体の"固有の"経路を積分する必要があります。このため、固有時には"固有"という形容がついています。なお、物体とともに相対速度ゼロで移動する慣性系では $v=0$ なので、(6-1) 式の固有時の変位と時間の変位は同じになります ($d\tau = dt$)。

■最短の世界線で固有時は最長に⁉

ミンコフスキー図では、最短の世界線をたどると、固有時は最長になるという面白い関係があります。その一例を見てみましょう。図6-2のように、慣性系Kの原点に固定された粒子が原点O ($t=0$) から点A ($ct=60$万 km) までミンコフスキー図を移動した場合（つまり、この粒子は

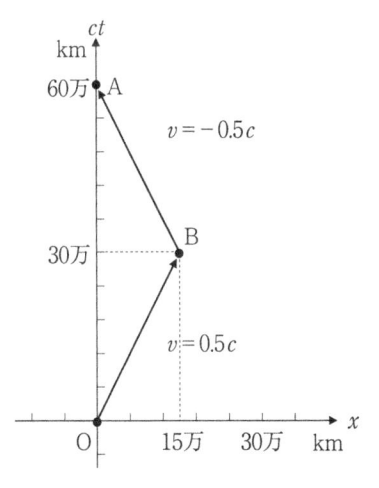

図6-2 最短の世界線は最長の固有時？

$v=0$ でK系の原点に静止したまま2秒経過した)と、光速の半分の速度でx軸の正の方向に移動して点Bに到達し、点Bで$-x$方向に反転して光速の半分の速度で移動して点Aに到達した場合の2つの経路での固有時を比べてみましょう。

すでに見たように、固有時や世界距離はローレンツ変換に対して不変なので、どの慣性系で計算しても同じです。ここでは計算が簡単なK系の座標で計算することにしましょう。まず、O→Aの場合には、(6-1) 式の固有時は

$$\Delta\tau \equiv \frac{\sqrt{-(\Delta s)^2}}{c} = \frac{\sqrt{(c\Delta t)^2-(v\Delta t)^2}}{c} = \frac{\sqrt{(60万\ km)^2}}{c} = 2s$$

です。次にO→B→Aの場合はO→B間の固有時が

$$\Delta\tau \equiv \frac{\sqrt{-(\Delta s)^2}}{c} = \frac{\sqrt{(c\Delta t)^2-(v\Delta t)^2}}{c}$$
$$= \frac{\sqrt{(30万\ km)^2-(15万\ km)^2}}{c}$$
$$= \sqrt{1-\left(\frac{1}{2}\right)^2}s = \sqrt{\frac{3}{4}}s = \frac{\sqrt{3}}{2}s$$

となります。三平方の定理とは違って、(6-1) 式の中の ds^2 は「c^2dt^2 と v^2dt^2 の差」として定義されていることに注意しましょう。図6-2のx成分のvdtが大きいほど固有時は短くなります。ミンコフスキー図で2点間を直線で結んだ(見かけの)距離の2乗は、三平方の定理による距離なので、これは「c^2t^2 と v^2t^2 の和」であり、両者はも

第6章 相対論的力学の体系化 —— 4元ベクトルとテンソル

ともと一致しません。同様に B→A 間の距離は

$$\Delta\tau \equiv \frac{\sqrt{-(\Delta s)^2}}{c}$$

$$= \frac{\sqrt{(30万\ \mathrm{km})^2 - (15万\ \mathrm{km})^2}}{c}$$

$$= \sqrt{1-\left(\frac{1}{2}\right)^2}\mathrm{s} = \sqrt{\frac{3}{4}}\mathrm{s} = \frac{\sqrt{3}}{2}\mathrm{s}$$

です。よって、O→B→A の固有時は、$\frac{\sqrt{3}}{2}\mathrm{s} + \frac{\sqrt{3}}{2}\mathrm{s} = \sqrt{3}\mathrm{s}$ なので

O→A の固有時	O→B→A の固有時
2 秒	$\sqrt{3}$ 秒 ≈ 1.73 秒

(2 秒 > √3 秒 ≈ 1.73 秒)

となり、ミンコフスキー図の最短距離の固有時の方が長くなります。

この O→A と O→B→A の経路の固有時の比較は、実は「双子のパラドックス」に対応します。例えば、地球上で静止したまま2秒間経過したのが O→A です（実際には、公転や自転があるので完全な静止ではありませんが）。一方、宇宙船に乗って（地球時間の）1秒間 x 方向に飛行し、そこで反転して（地球時間の）1秒間を要して地球に戻って来るのが O→B→A の経路です。固有時はどの慣性系でも不変なので、地球に固定した慣性系で固有時を求めると、O→A の ct は、60万 km（t は 2 秒）で、O→B→A は、ここでの計算のように $\sqrt{3}$ 秒になります。すなわち、宇宙船に乗って戻って来た兄の方が $2-\sqrt{3} \approx 0.27$ 秒間だ

け若いということになります。O→A の経路の固有時が2秒ではなく20年の場合は、2.7年の年齢差が生じます。

　それでは、宇宙船に固定した慣性系から見たらどうでしょうか。双子のパラドックスが分かりにくいのは、「宇宙船の慣性系から見ると、反対の結果になるのでは？」という疑いが生じるからです。しかし宇宙船に固定した慣性系から見ても、地球に固定した慣性系から見た場合とまったく同じ結果になります（付録参照）。

　兄が反転して戻ってこない場合はどうでしょうか。地球時間で1秒が経過した時点（$ct = 30$万 km）で弟が光速（$v = c$）を出せる宇宙船で追いかけたとします。図6-3のそれぞれの固有時を計算すると

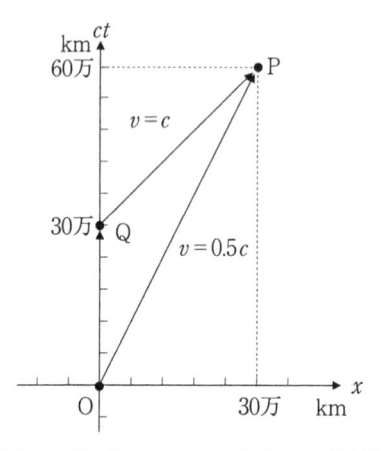

図6-3　双子のパラドックス——途中から弟が兄を追いかけたら？

O→P の兄の固有時

$$\Delta\tau = \frac{\sqrt{(60万\ \mathrm{km})^2 - (30万\ \mathrm{km})^2}}{c} = \sqrt{4-1}\mathrm{s} = \sqrt{3}\mathrm{s} \approx 1.73\mathrm{s}$$

O→Q→P の弟の固有時（Q→P は光速なので (6-1) 式より固有時はゼロです）は

$$\Delta\tau = \frac{\sqrt{(30万\ \mathrm{km})^2}}{c} = 1\mathrm{s}$$

となり、この場合は兄の時間の方が速く進みます。図でも最短距離の世界線(O→P)の固有時の方が長くなっています。

■ミンコフスキー空間の中の運動を記述するには

相対性理論の登場以前には、物体の運動を記述するには、x, y, z の3軸からなる空間座標を考えて、それぞれの座標の成分を時間 t の関数として記述しました。例えば、

$$(x(t), y(t), z(t))$$

のように座標を表現しました。

ところが、相対性理論の登場後には、時間 t はもはや空間と独立した絶対的な座標ではなくなりました。物体の運動を記述するためには、x, y, z の3軸からなる空間座標ではなくて、これに時間軸を加えたミンコフスキー空間での移動を考えることが必要になりました。また、慣性系によらない時間の変数として、前節で見たように固有時 τ の導入が必要になりました。よって、ミンコフスキー空間の

中の物体の運動を記述するには、座標の成分として x, y, z に時間 t も加え、この4つの変数が固有時 τ の関数であると見なすことになります。

$$(ct(\tau), x(\tau), y(\tau), z(\tau))$$

なお、ここでは時間 t に光速をかけて単位（次元）を距離に変えた ct を時間の座標成分としています。

このミンコフスキー空間内の物体の動きをとらえるには、時々刻々と変化するこの物体の速度や加速度も追跡し続けることが望まれます。そこでミンコフスキー空間内での速度としては、さきほどの4つの座標の成分を固有時 τ で微分したものを使うことにしましょう。ミンコフスキー空間内の速度の記号としては、ニュートン力学の速度 v と区別するために、アルファベット順で v のとなりの w を使うことにします。よって、

$$w_x(\tau) \equiv \frac{dx(\tau)}{d\tau}, w_y(\tau) \equiv \frac{dy(\tau)}{d\tau}, w_z(\tau) \equiv \frac{dz(\tau)}{d\tau},$$
$$w_t(\tau) \equiv c\frac{dt(\tau)}{d\tau}$$

です。このミンコフスキー空間内の速度 $w_x(\tau)$ とニュートン力学の速度 $v_x(t)$ の関係は、微分の変数変換を使って

$$w_x(\tau) \equiv \frac{dx(\tau)}{d\tau}$$
$$= \frac{dt}{d\tau}\frac{dx(\tau(t))}{dt}$$

第6章　相対論的力学の体系化 —— 4元ベクトルとテンソル

となり、$v_x(t) = \dfrac{dx(\tau(t))}{dt}$ なので

$$= \frac{dt}{d\tau} v_x(t)$$

となり、さらに (6-1) 式を使うと

$$= \frac{1}{\sqrt{1-\left(\dfrac{v}{c}\right)^2}} v_x(t) \qquad (6\text{-}2)$$

となります。この (6-2) 式の速度と静止質量とのかけ算 $m_0 w(\tau)$ を**ミンコフスキー空間での運動量**と定義すると、その x 成分は

$$m_0 w_x(\tau) = m_0 \frac{dx(\tau)}{d\tau} = m_0 \frac{1}{\sqrt{1-\left(\dfrac{v}{c}\right)^2}} v_x(t)$$

となります。これは前章で運動量保存則を満たすように求めた (5-16) 式の運動量と一致します。

ミンコフスキー空間での加速度は、速度を固有時で微分して

$$\frac{dw_t(\tau)}{d\tau},\ \frac{dw_x(\tau)}{d\tau},\ \frac{dw_y(\tau)}{d\tau},\ \frac{dw_z(\tau)}{d\tau}$$

となります。この加速度とニュートン力学の加速度との関係は、(6-2) 式と微分の変数変換を使って

171

$$\frac{dw_x(\tau)}{d\tau} = \frac{dt}{d\tau}\frac{dw_x(\tau)}{dt}$$

$$= \frac{dt}{d\tau}\frac{d}{dt}\left(\frac{1}{\sqrt{1-\left(\frac{v}{c}\right)^2}}v_x(t)\right)$$

$$= \frac{1}{\sqrt{1-\left(\frac{v}{c}\right)^2}}\frac{d}{dt}\left(\frac{1}{\sqrt{1-\left(\frac{v}{c}\right)^2}}v_x(t)\right) \quad (6\text{-}3)$$

となります。ニュートン力学の運動方程式にならって、この (6-3) 式の加速度と静止質量とのかけ算を**ミンコフスキー空間での力**であると定義しましょう（**ミンコフスキー力**とも呼びます）。また、ミンコフスキー空間での力は小文字の f で表すことにすると、その x 成分は

$$f_x(\tau) = m_0 \frac{dw_x(\tau)}{d\tau} \quad (6\text{-}4)$$

となります。これに (6-3) 式を代入すると

$$= m_0 \frac{1}{\sqrt{1-\left(\frac{v}{c}\right)^2}}\frac{d}{dt}\left(\frac{1}{\sqrt{1-\left(\frac{v}{c}\right)^2}}v_x(t)\right)$$

となります。よって、(5-17) 式の相対論的ニュートン力の x 成分 $F_x(t)$ との関係は

第6章 相対論的力学の体系化 ―― 4元ベクトルとテンソル

$$f_x(\tau) = m_0 \frac{dw_x(\tau)}{d\tau}$$

$$= \frac{1}{\sqrt{1-\left(\frac{v}{c}\right)^2}} F_x(t) \qquad (6\text{-}5)$$

となります。

$f_x(\tau)$ と $F_x(t)$ は、ともに相対性理論のもとで求めた力なのに、どうして2つあるのだろうと混乱する方もいるかもしれません。違いは、$f_x(\tau)$ はミンコフスキー空間内の力であり固有時 τ の関数であるのに対して、相対論的ニュートン力 $F_x(t)$ は x, y, z の3軸の座標からなる座標系で測った力であり時間 t の関数であることです。また、この後で見るように、$f_x(\tau)$ は4元力と呼ばれる慣性系によらない力であることを証明できます。私たちが計測できるのは、「相対論的ニュートン力」である $F_x(t)$ の方なので、この式は「相対論的ニュートン力 $F_x(t)$ からミンコフスキー力 $f_x(\tau)$ への変換式」であるとも言えます。

■ 4元ベクトル

前節で見たようにミンコフスキー空間の中の物体の座標を $(ct(\tau), x(\tau), y(\tau), z(\tau))$ で表すことにしました。この4つの座標の成分にローレンツ変換を施した場合、その式は行列を使うと（4-22）式で表されます。

$$\begin{pmatrix} ct' \\ x' \\ y' \\ z' \end{pmatrix} = \begin{pmatrix} \gamma & -\gamma\beta & 0 & 0 \\ -\gamma\beta & \gamma & 0 & 0 \\ 0 & 0 & 1 & 0 \\ 0 & 0 & 0 & 1 \end{pmatrix} \begin{pmatrix} ct \\ x \\ y \\ z \end{pmatrix} \quad (4\text{-}22)$$

この (4-22) 式を満たすベクトルを **4元ベクトル**と呼びます。ここでは、

$$\begin{pmatrix} ct \\ x \\ y \\ z \end{pmatrix}$$

が4元ベクトルです。

前節では、ミンコフスキー空間での速度や加速度が登場しましたが、(4-22) 式の両辺を τ で微分すると、β や γ は τ の関数ではないので

$$\begin{pmatrix} c\dfrac{dt'}{d\tau} \\ \dfrac{dx'}{d\tau} \\ \dfrac{dy'}{d\tau} \\ \dfrac{dz'}{d\tau} \end{pmatrix} = \begin{pmatrix} \gamma & -\gamma\beta & 0 & 0 \\ -\gamma\beta & \gamma & 0 & 0 \\ 0 & 0 & 1 & 0 \\ 0 & 0 & 0 & 1 \end{pmatrix} \begin{pmatrix} c\dfrac{dt}{d\tau} \\ \dfrac{dx}{d\tau} \\ \dfrac{dy}{d\tau} \\ \dfrac{dz}{d\tau} \end{pmatrix} \quad (6\text{-}6)$$

となり、行列はそのまま残ります。つまり、ミンコフスキ

第6章 相対論的力学の体系化 —— 4元ベクトルとテンソル

一空間の速度の成分である

$$\begin{pmatrix} w_t \\ w_x \\ w_y \\ w_z \end{pmatrix} = \begin{pmatrix} c\dfrac{dt}{d\tau} \\ \dfrac{dx}{d\tau} \\ \dfrac{dy}{d\tau} \\ \dfrac{dz}{d\tau} \end{pmatrix}$$

も4元ベクトルになります。この4元ベクトルである速度を **4元速度** と呼びます。同様に、(6-6) 式の両辺を τ で微分すると、ミンコフスキー空間の加速度の成分である

$$\begin{pmatrix} \dfrac{dw_t}{d\tau} \\ \dfrac{dw_x}{d\tau} \\ \dfrac{dw_y}{d\tau} \\ \dfrac{dw_z}{d\tau} \end{pmatrix}$$

も4元ベクトルであることがわかります。そこで、この4元ベクトルである加速度を **4元加速度** と呼びます。

■4元ベクトルであることのメリットは？

さて、このようにミンコフスキー空間の位置座標、速度、加速度が4元ベクトルであることがわかりました。実は次節で示すように(6-4)式のミンコフスキー力も4元ベクトルであることが証明できます。そこでこの力を**4元力**と呼びます。では、この4元ベクトルであることにどのようなメリットがあるのでしょうか。それを見てみましょう。

2種類の4元ベクトル**g**と**h**があったとします。その4元ベクトルの間に

$$a\mathbf{g} + b\mathbf{h} = 0 \quad (a, b は係数) \qquad (6\text{-}7)$$

という関係が成り立つとしましょう。このとき、この左辺を「ベクトル**g**と**h**の**1次結合**である」と表現します。ローレンツ変換を表す(4-22)式の行列を**L**で表すことにすると、ローレンツ変換後の4元ベクトル**g′**と**h′**の間には、ローレンツ変換の

$$\mathbf{g'} = \mathbf{Lg}$$
$$\mathbf{h'} = \mathbf{Lh}$$

が成り立ちます。

このとき(6-7)式の左辺にローレンツ変換を施すと次式のように $a\mathbf{g'} + b\mathbf{h'}$ になりますが、

$$\mathbf{L}(a\mathbf{g} + b\mathbf{h}) = a\mathbf{Lg} + b\mathbf{Lh}$$
$$= a\mathbf{g'} + b\mathbf{h'}$$

(6-7) 式を使うと

$$a\mathbf{g}' + b\mathbf{h}' = 0 \qquad (6\text{-}8)$$

となります。これが4元ベクトルであることのメリットです。つまり、ある慣性系で4元ベクトルの間に1次結合で書ける (6-7) 式のような物理的関係が成立する場合には、ローレンツ変換後の別の慣性系でも (6-8) 式のように同じ物理的関係が成り立つことになります。すなわち、ローレンツ変換に対してこの物理的関係は不変であるということになります。ローレンツ変換に対して共変的であることを**ローレンツ共変性**と呼びます。

アインシュタインの相対性原理は、どの慣性系でも同じ物理法則が成り立つことを要求しています。(6-4) 式は相対論的力学での運動方程式ですが、この運動方程式もローレンツ変換後に同じ形で成り立つことが要求されます。(6-4) 式の運動方程式を変形すると

$$0 = f_x(\tau) - m_0 \frac{dw_x(\tau)}{d\tau} \qquad (6\text{-}9)$$

となりますが、4元力 $f_x(\tau)$ や4元加速度 $\dfrac{dw_x(\tau)}{d\tau}$ は4元ベクトルです。この (6-9) 式は (6-7) 式と同じく4元ベクトルの1次結合で表されているので (6-7) 式と同様に、ローレンツ変換後の4元ベクトルの間にも (6-9) 式のような同じ関係が成り立ちます。ローレンツ変換後の4元力の x 成分を $f'_x(\tau)$ で表し、ローレンツ変換後の加速

度の x 成分を $\dfrac{dw'_x(\tau)}{d\tau}$ で表すことにすると、

$$0 = f'_x(\tau) - m_0 \dfrac{dw'_x(\tau)}{d\tau} \qquad (6\text{-}10)$$

が成り立ちます。よって、(6-9) 式の運動方程式はローレンツ変換によって形が変わることはなく (6-10) 式となり、相対性原理を満たしていることになります。

■ 4元力が4元ベクトルであることの証明

前節で述べた「4元力が4元ベクトルであること」を証明しておきましょう。この証明には、ミンコフスキー空間での速度に成り立つ次の式を使います。

$$\begin{aligned}
&-w_t^2(\tau) + w_x^2(\tau) + w_y^2(\tau) + w_z^2(\tau) \\
&= \dfrac{1}{1-\left(\dfrac{v}{c}\right)^2}(-c^2 + v_x^2(t) + v_y^2(t) + v_z^2(t)) \\
&= \dfrac{1}{1-\left(\dfrac{v}{c}\right)^2}(-c^2 + v^2) \\
&= -c^2 \qquad (6\text{-}11)
\end{aligned}$$

ここでは (6-1) 式と (6-2) 式を使いました。また、$w_t^2(\tau)$ の前がマイナスであることにご注意ください。この両辺を τ で微分すると、左辺は

第6章 相対論的力学の体系化 —— 4元ベクトルとテンソル

$$\frac{d}{d\tau}[-w_t{}^2 + w_x{}^2 + w_y{}^2 + w_z{}^2]$$
$$= 2\left[-w_t\frac{dw_t}{d\tau} + w_x\frac{dw_x}{d\tau} + w_y\frac{dw_y}{d\tau} + w_z\frac{dw_z}{d\tau}\right]$$

となります。一方 (6-11) 式の右辺は $-c^2$ を微分すると（定数の微分なので）ゼロとなり、まとめると

$$-w_t\frac{dw_t}{d\tau} + w_x\frac{dw_x}{d\tau} + w_y\frac{dw_y}{d\tau} + w_z\frac{dw_z}{d\tau} = 0$$

になります。この式は4元速度と4元加速度の内積を表しています。ミンコフスキー空間での内積では、左辺の第1項のように時間の成分の積はマイナスをとります。この式は内積がゼロであることを表しているので、4元速度と4元加速度が（数学的に）直交していることを意味しています。

この関係は任意の慣性系のミンコフスキー空間内の4元速度と4元加速度に一般的に成り立つ関係なので、ローレンツ変換後の別の慣性系でも

$$-w'_t\frac{dw'_t}{d\tau} + w'_x\frac{dw'_x}{d\tau} + w'_y\frac{dw'_y}{d\tau} + w'_z\frac{dw'_z}{d\tau} = 0$$

が成り立ちます。両式ともゼロに等しいので、この両式をまとめて (6-4) 式を使うと

$$-w_t f_t + w_x f_x + w_y f_y + w_z f_z$$
$$= -w'_t f'_t + w'_x f'_x + w'_y f'_y + w'_z f'_z \qquad (6\text{-}12)$$

となります。w_t, w_x, w_y, w_z と w'_t, w'_x, w'_y, w'_z の間にはローレンツ変換が成り立つので、左辺の w_t, w_x, w_y, w_z にローレンツ逆変換の式を代入すると、(6-12) 式は

$$-(\gamma w'_t + \gamma\beta w'_x)f_t + (\gamma\beta w'_t + \gamma w'_x)f_x + w'_y f_y + w'_z f_z$$
$$= -w'_t f'_t + w'_x f'_x + w'_y f'_y + w'_z f'_z$$

となります。さらに、w'_t, w'_x, w'_y, w'_z でまとめると

$$-w'_t(f'_t - \gamma f_t + \gamma\beta f_x) + w'_x(f'_x + \gamma\beta f_t - \gamma f_x)$$
$$+ w'_y(f'_y - f_y) + w'_z(f'_z - f_z) = 0$$

となります。w'_t, w'_x, w'_y, w'_z は任意の値をとりうるので、この式が成り立つためには、それぞれの係数がすべてゼロでなければなりません。よって、次の4式が得られますが、

$$f'_t = \gamma f_t - \gamma\beta f_x$$
$$f'_x = -\gamma\beta f_t + \gamma f_x$$
$$f'_y = f_y$$
$$f'_z = f_z$$

これはローレンツ変換そのものです。行列を使った表現では

第6章 相対論的力学の体系化 ── 4元ベクトルとテンソル

$$\begin{pmatrix} f'_t \\ f'_x \\ f'_y \\ f'_z \end{pmatrix} = \begin{pmatrix} \gamma & -\gamma\beta & 0 & 0 \\ -\gamma\beta & \gamma & 0 & 0 \\ 0 & 0 & 1 & 0 \\ 0 & 0 & 0 & 1 \end{pmatrix} \begin{pmatrix} f_t \\ f_x \\ f_y \\ f_z \end{pmatrix}$$

となり、(4-22) 式と同じ形をしているので、4元力が4元ベクトルであることがわかります。

■ローレンツ変換のテンソルによる表現

(4-22) 式の行列によるローレンツ変換の表現を、次のように表してみます。

$$\begin{pmatrix} x'^0 \\ x'^1 \\ x'^2 \\ x'^3 \end{pmatrix} = \begin{pmatrix} a_0^0 & a_1^0 & a_2^0 & a_3^0 \\ a_0^1 & a_1^1 & a_2^1 & a_3^1 \\ a_0^2 & a_1^2 & a_2^2 & a_3^2 \\ a_0^3 & a_1^3 & a_2^3 & a_3^3 \end{pmatrix} \begin{pmatrix} x^0 \\ x^1 \\ x^2 \\ x^3 \end{pmatrix} \quad (6\text{-}13)$$

ここで、(4-22) 式との比較から

$$\begin{pmatrix} a_0^0 & a_1^0 & a_2^0 & a_3^0 \\ a_0^1 & a_1^1 & a_2^1 & a_3^1 \\ a_0^2 & a_1^2 & a_2^2 & a_3^2 \\ a_0^3 & a_1^3 & a_2^3 & a_3^3 \end{pmatrix} \equiv \begin{pmatrix} \gamma & -\gamma\beta & 0 & 0 \\ -\gamma\beta & \gamma & 0 & 0 \\ 0 & 0 & 1 & 0 \\ 0 & 0 & 0 & 1 \end{pmatrix} \quad (6\text{-}14)$$

であり、

181

$$\begin{pmatrix} x^0 \\ x^1 \\ x^2 \\ x^3 \end{pmatrix} \equiv \begin{pmatrix} ct \\ x \\ y \\ z \end{pmatrix}$$

であり、

$$\begin{pmatrix} x'^0 \\ x'^1 \\ x'^2 \\ x'^3 \end{pmatrix} \equiv \begin{pmatrix} ct' \\ x' \\ y' \\ z' \end{pmatrix}$$

です。

(6-14) 式の右辺の行列の成分は簡単なので、$a_0^0 = \gamma$ や $a_1^0 = -\gamma\beta$ はすぐに暗記できます。a_0^0 や a_1^0 の行列の成分を頭に入れると、(6-13) 式を次式のようにもっと簡単に表現できます。

$$x'^j = a_0^j x^0 + a_1^j x^1 + a_2^j x^2 + a_3^j x^3$$
$$= \sum_{i=0}^{3} a_i^j x^i \quad (j = 0, 1, 2, 3) \quad (6\text{-}15)$$

この x^i や a_i^j のように添え字がつく量を**テンソル**と呼びます。x^i のように添え字が1つのものを**1階のテンソル**と呼び、a_i^j のように添え字が2つあるものを**2階のテンソル**と呼びます。ここで (6-13) 式のように**1階のテンソル**はベクトルになり、**2階のテンソル**は行列の成分として表されます。

(6-15) 式には和を表す $\sum$ の記号がありますが、これを省略して、(6-15) 式を

$$x'^j = a_i^j x^i \quad (i, j = 0, 1, 2, 3)$$

と書くこともあります（以下では、$i, j = 0, 1, 2, 3$ は省略します）。この場合には、「下付きの添え字と上付きの添え字が同じ記号の場合は和をとる」と決めることにします。ここでは添え字の i が、a_i^j では下付きで x^i では上付きなので、i について和をとります。(6-15) 式で添え字 i が上付きのものと下付きのものがあるのは、このルールを満たすようにわざとそうしています。この $\sum$ を省略するルールを**アインシュタインの縮約則**と呼びます。この種の計算をたくさんするうちにアインシュタインは $\sum$ を書く手間を節約したくなったようです。

■共変ベクトルと反変ベクトル

ローレンツ変換に関わるベクトルには、共変ベクトルと反変ベクトルと呼ばれるものがあります。ここではその違いを見てみましょう。

ある慣性系の時間軸の単位ベクトルと x 軸の単位ベクトルを $\mathbf{e}_0$ と $\mathbf{e}_1$ とし、ローレンツ変換後の別の慣性系の時間軸の単位ベクトルと x 軸の単位ベクトルを $\mathbf{e}'_0$ と $\mathbf{e}'_1$ とします。また、本節では簡単のために y 軸と z 軸は省略します。ミンコフスキー空間内のある座標ベクトル $\mathbf{q}$ をこの両者の座標系で表したとき、図6-4のように

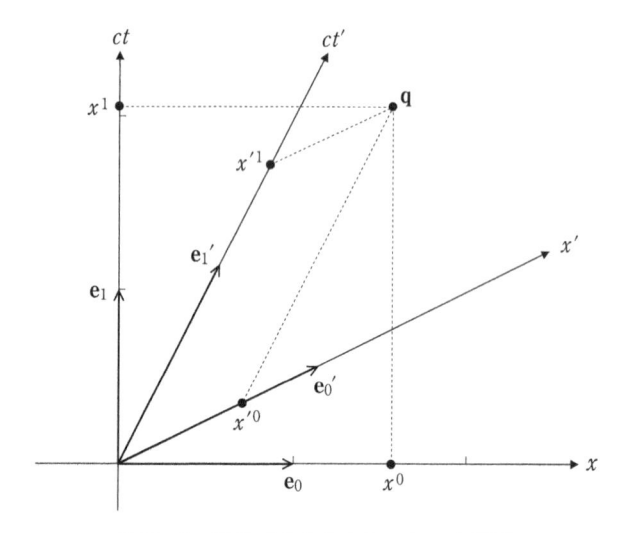

図6-4 単位ベクトルとローレンツ変換

$$\mathbf{q} = x^0 \mathbf{e}_0 + x^1 \mathbf{e}_1 = x'^0 \mathbf{e}'_0 + x'^1 \mathbf{e}'_1 \quad (6\text{-}16)$$

であるとします。

x^0, x^1 と x'^0, x'^1 の間のローレンツ変換は (6-13) 式より

$$\begin{pmatrix} x'^0 \\ x'^1 \end{pmatrix} = \begin{pmatrix} a^0_0 & a^0_1 \\ a^1_0 & a^1_1 \end{pmatrix} \begin{pmatrix} x^0 \\ x^1 \end{pmatrix} \quad (6\text{-}17)$$

なので、x'^0 と x'^1 を (6-16) 式の右辺に代入すると

第 6 章 相対論的力学の体系化 —— 4 元ベクトルとテンソル

$$x^0\mathbf{e}_0 + x^1\mathbf{e}_1 = x'^0\mathbf{e}'_0 + x'^1\mathbf{e}'_1$$
$$= (a_0^0 x^0 + a_1^0 x^1)\mathbf{e}'_0 + (a_0^1 x^0 + a_1^1 x^1)\mathbf{e}'_1$$

となります。これを x^0 と x^1 でまとめると

$$0 = (\mathbf{e}_0 - a_0^0\mathbf{e}'_0 - a_0^1\mathbf{e}'_1)x^0 + (\mathbf{e}_1 - a_1^0\mathbf{e}'_0 - a_1^1\mathbf{e}'_1)x^1$$

となります。(6-16) 式は任意の x^0 と x^1 について成り立つので、この式も任意の x^0 と x^1 について成り立つ必要があります。よって、カッコの中の項はそれぞれゼロでなければならないので

$$\mathbf{e}_0 = a_0^0\mathbf{e}'_0 + a_0^1\mathbf{e}'_1$$
$$\mathbf{e}_1 = a_1^0\mathbf{e}'_0 + a_1^1\mathbf{e}'_1$$

となり、行列を使って書くと

$$\begin{pmatrix}\mathbf{e}_0\\ \mathbf{e}_1\end{pmatrix} = \begin{pmatrix}a_0^0 & a_0^1\\ a_1^0 & a_1^1\end{pmatrix}\begin{pmatrix}\mathbf{e}'_0\\ \mathbf{e}'_1\end{pmatrix} \qquad (6\text{-}18)$$

となります。この変換に対応する行列は

$$\begin{pmatrix}a_0^0 & a_0^1\\ a_1^0 & a_1^1\end{pmatrix}$$

です。これは、ローレンツ変換を表す (6-17) 式の行列とは添え字の上下が逆になっています。この (6-18) 式の添え字の上下が逆の行列によって変換されるベクトルを**共変ベクトル**と呼び、座標のローレンツ変換と同じ (6-17) 式の行列で変換されるベクトルを**反変ベクトル**と呼びます。

ここまで見たように、位置座標や速度、加速度などは反変ベクトルです。共変とか反変の「共」とか「反」は、(6-18) 式の基本単位ベクトルの変換式に重きを置いて、これと同じ変換を「共変」と定義し、添え字が上下逆の変換を「反変」と呼びます。共変ベクトルの成分を表すには下付きの添え字を使い、反変ベクトルの成分を表すには上付きの添え字を使うというルールがあります。

さて、テンソルや共変ベクトル、それに反変ベクトルに関する知識は、この後さらに一般相対性理論を学ぶ際には必要になります。本書ではこのように軽く触れただけですが、それでもテンソルに対する抵抗感は大幅に軽減されたことでしょう。本書を読む前にテンソルという言葉を聞くと

「……」か、「？？？」

という反応だった読者の方も、本書をここまで読み進んだ後では、

「ああ、テンソルか」

と、余裕を持つことができると思います。

金属のような固体に外から力を加えると、固体は変形し、内部で様々な方向に張力 (tension) が働きます。この張力は x、y、z の 3 軸の方向に働くので、x、y、z を添え字とする変数が必要になります。このために導入されたのがテンソル (tensor) です。

第6章 相対論的力学の体系化 —— 4元ベクトルとテンソル

さて、本章では相対論的力学の体系化として、4元ベクトルと4元力を理解しました。また、ローレンツ変換をテンソルで表現する手法にも触れました。相対論的力学の世界はいかがだったでしょうか。ここまでの知識で相対論的力学の大学の学部レベルの内容をほぼ身に付けたことになります。テンソルの知識にも触れたので、さらに進みたい方が、専門書を手にとったとき、理解のためのハードルは相当低くなっていることでしょう。次章以降では、相対性理論の入門書ではあまり触れられていない電磁気学と相対性理論の関わりを見てみましょう。

アインシュタインをまねてはいけない?

偉大な科学者としてアインシュタインの名は轟きわたっていて、アインシュタインにあこがれて科学の世界に踏み込んだ人は決して少なくはないでしょう。筆者の周囲にもアインシュタインを尊敬している研究者は数多くいます。しかし、科学を志すものは、アインシュタインのすべてをまねてはいけないとも言われています。

どこをまねてはいけないかというと、独力で論文を書いたところです。論文を書く際には現在わかっていることが何であり、自分が書こうとしている論文の何が新しいかを把握しておく必要があります。誰ともディスカッションをしないで論文を書くと、すでによく知られている内容を自分の新発見であると勘違いしたり、論文に論理的な間違いがあってもそれに気づかなかったりする可能性が高くなります。独力は一人よがりにつながり、ミスにつながる可能性が高いのです。

そのアインシュタインも、科学の基礎教育はしっかりうけていることには留意しておくべきでしょう。相対性理論や宇宙論の専門家には、ときどき「新しい相対性理論を発見した」と称する方から連絡がはいることがあるそうです。中身を読むとすぐに間違いがみつかるそうですが、間違いを指摘しても、「自分の新説を理解できない頑迷な研究者である」と反発される場合がほとんどだそうです。また、物理学の基礎的な知識を持っていない方も少なくなく、その場合は議論が成立しないそうです。

　特殊相対性理論は、本書でも見るように、数学のレベルとしては比較的平易なため、ネット上でも多くの科学マニアが（特に細部の解釈について）論争を繰り広げています。理論は実験による検証が不可欠です。相対性理論についてもし何か新しい発見をしたときには、新理論を証明する（実現可能な）実験を提示できれば説得力が増すでしょう。逆に、実験を提示できない場合は一種の神学論争になる可能性が大きく、影響力は限りなく小さいでしょう。

第3部
電磁気学編

第7章

電磁気学と相対性理論
―― 微分形のマクスウェル方程式

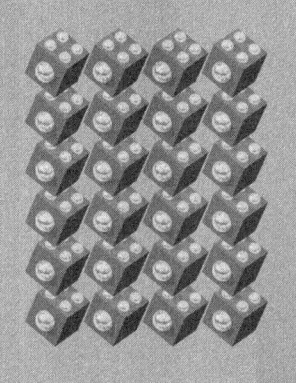

■相対性理論と電磁気学

相対性理論の登場によってニュートン力学が更新されることになりました。では、当時の物理学においてニュートン力学と双璧をなしていた電磁気学はどのような変更を迫られることになったのでしょうか。もともと相対性理論は、光の伝搬速度が一定という**光速一定の原理**から生まれました。この光の伝搬を支配しているのは電磁気学ですから、相対性理論は電磁気学の要請から生まれたと言えます。アインシュタインの1905年の論文の導入部分を読んでみると、電磁気学上のパラドックスの解明が興味の中心であることがわかります。

電磁気学を支配するのは4つのマクスウェル方程式です。「マクスウェル方程式がローレンツ変換によってどのような変更を迫られたのか」という問いに先に答えると、

マクスウェル方程式は、ローレンツ変換に対してもともと共変的であった

ということになります。つまり、ニュートンの運動方程式とは違ってマクスウェル方程式の形は変わらなかったのです。では何も変化はなかったのかというとそうではなく、従来、電磁気学でパラドックスだったことが解決されることになりました。

■マクスウェル方程式

相対性理論と電磁気学の関係を見るには、まず電磁気学の中核であるマクスウェル方程式を理解しておく必要があ

第7章 電磁気学と相対性理論 ── 微分形のマクスウェル方程式

ります。マクスウェル方程式については、拙著の『高校数学でわかるマクスウェル方程式』で、積分を使ったマクスウェル方程式まで紹介しました。これを**積分形のマクスウェル方程式**と呼びます。マクスウェル方程式をまだ理解されていない場合は、拙著などをご覧いただければ幸いです。本書をここまで読み進める力があれば容易に理解できることでしょう。以下では積分形のマクスウェル方程式の知識を前提として話を進めます。

　積分形のマクスウェル方程式をここに並べると、

ガウスの法則

$$\int \vec{E} \cdot \vec{n} \, dS = \frac{1}{\varepsilon} \int \rho \, dv \qquad (7\text{-}1)$$

電磁誘導の法則

$$\oint \vec{E} \cdot d\vec{r} = -\frac{d}{dt} \int \vec{B} \cdot \vec{n} \, dS \qquad (7\text{-}2)$$

磁界に関するガウスの法則（磁石のN極とS極は必ずペアである）

$$\int \vec{B} \cdot \vec{n} \, dS = 0 \qquad (7\text{-}3)$$

アンペール・マクスウェルの法則

$$\oint \vec{H} \cdot d\vec{r} = \int \vec{j} \cdot \vec{n} dS + \frac{d}{dt} \int \varepsilon \vec{E} \cdot \vec{n} dS \quad (7\text{-}4)$$

となります。ここで、$\vec{n}$ は閉曲面上などの微小な面積（面積素片と呼びます）に垂直な単位ベクトルです。『高校数学でわかるマクスウェル方程式』の本文では、電界や磁界が閉曲面や閉曲線に垂直か平行な場合だけを扱いましたが、付録に記したように、垂直や平行以外の場合には、マクスウェル方程式はベクトルの内積を含む式として表されます。

　本章では、これらの積分形のマクスウェルの方程式を、より広く使われている**微分形のマクスウェル方程式**に書き直します。

■微分形のガウスの法則

　微分形のマクスウェルの方程式の求め方は、コツさえつかめば簡単です。コツというのは

小さな空間で積分形のマクスウェル方程式を適用すること

です。

　(7-1) 式の電界のガウスの法則から始めましょう。まず、図7-1のように、小さな立方体を考えます。この立方体はとても小さくて、その中の電荷密度 ρ は一様であるとします。また立方体の1辺の長さは、x, y, z のそれぞれの方向で $\Delta x, \Delta y, \Delta z$ とし、電界の x, y, z 成分を E_x, E_y, E_z とします。すると、(7-1) 式の右辺は次のように書けます。

第7章 電磁気学と相対性理論 —— 微分形のマクスウェル方程式

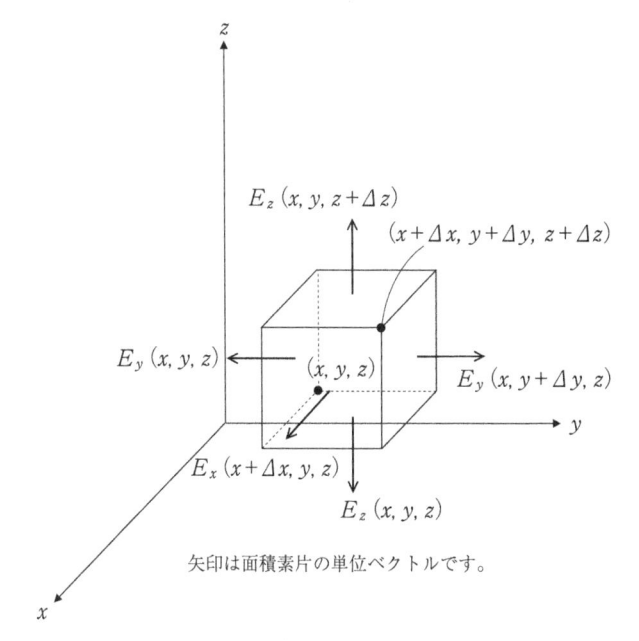

図7-1 微小な立方体にガウスの法則を適用する

矢印は面積素片の単位ベクトルです。

$$右辺 = \frac{1}{\varepsilon}\int \rho dv$$

$$= \frac{\rho}{\varepsilon}\int dv \quad (\int dv \text{ は立方体の体積なので})$$

$$= \frac{\rho}{\varepsilon}\Delta x \Delta y \Delta z \qquad (7\text{-}5)$$

です。次に（7-1）式の左辺を考えましょう。この立方体を抜ける電界は、各面に垂直であるとします。6つの面の

193

上での電界の強さを図7-1のように

$$E_z(x, y, z+\Delta z),$$
$$E_z(x, y, z),$$
$$E_x(x+\Delta x, y, z),$$
$$E_x(x, y, z),$$
$$E_y(x, y+\Delta y, z),$$
$$E_y(x, y, z)$$

とすると、(7-1) 式の左辺の面積素片の単位ベクトル $\vec{n}$ と電界のベクトル $\vec{E}$ は平行なので（図7-1の各面が面積素片です。単位ベクトルは立方体の内側から外側の向きに、それぞれの面積素片に垂直にとります）

$$\begin{aligned}左辺 =& E_x(x+\Delta x, y, z)\Delta y\Delta z - E_x(x, y, z)\Delta y\Delta z \\ &+ E_y(x, y+\Delta y, z)\Delta x\Delta z - E_y(x, y, z)\Delta x\Delta z \\ &+ E_z(x, y, z+\Delta z)\Delta x\Delta y - E_z(x, y, z)\Delta x\Delta y \\ =& \{E_x(x+\Delta x, y, z) - E_x(x, y, z)\}\Delta y\Delta z \\ &+ \{E_y(x, y+\Delta y, z) - E_y(x, y, z)\}\Delta x\Delta z \\ &+ \{E_z(x, y, z+\Delta z) - E_z(x, y, z)\}\Delta x\Delta y \quad (7\text{-}6)\end{aligned}$$

となります。例えば、このうち $E_x(x+\Delta x, y, z)\Delta y\Delta z$ は、図7-1の手前側の面（$x+\Delta x$ の面）での x 方向の電界の大きさ $E_x(x+\Delta x, y, z)$ とその面の面積 $\Delta y\Delta z$（dS に対応）の積です。立方体なので面は6つあるので、項の数も6つです。$-E_x(x, y, z)\Delta y\Delta z$ のようにマイナスがついている項があるのは、立方体の各面の方向を表す単位ベクトル $\vec{n}$ と電界の方向が逆を向いているため、内積 $\vec{E}\cdot\vec{n}$ がマイナ

第7章 電磁気学と相対性理論——微分形のマクスウェル方程式

スになるためです。この (7-6) 式は、図7-1のように、立方体の中心から外側に向かって発散している電界のすべての和を表しています。

次に (7-5) 式と (7-6) 式を $\Delta x \Delta y \Delta z$ で割って、「左辺＝右辺」の関係を使うと

$$\frac{E_x(x+\Delta x, y, z) - E_x(x, y, z)}{\Delta x}$$
$$+ \frac{E_y(x, y+\Delta y, z) - E_y(x, y, z)}{\Delta y}$$
$$+ \frac{E_z(x, y, z+\Delta z) - E_z(x, y, z)}{\Delta z} = \frac{\rho}{\varepsilon} \quad (7\text{-}7)$$

となります。Δx, Δy, Δz, として微小な量をとると、左辺の各項は微分と見なすことができます。したがって、左辺を微分に書き直すと

$$\frac{\partial E_x(x, y, z)}{\partial x} + \frac{\partial E_y(x, y, z)}{\partial y} + \frac{\partial E_z(x, y, z)}{\partial z} = \frac{\rho}{\varepsilon}$$
$$(7\text{-}8)$$

となります。このように関数が複数の変数を持つときに（ここでは x, y, z）、その1つの変数で微分することを**偏微分**と呼び、微分の記号には d ではなく ∂ を用います。

(7-6) 式は、「立方体の表面の電界」の総和を表していますが、その電界は図7-1の立方体の内側から外側へ発散しています。(7-7) 式の左辺は、(7-6) 式の「立方体の表面の電界」を立方体の体積である $\Delta x \Delta y \Delta z$ で割っているの

で、これは単位体積当たりの「発散する電界の総和」を表していると言えるでしょう。というわけで、数学では、(7-8)式の左辺の3つの項をまとめて**発散**と呼びます。記号はdivで、英語のdivergence（ダイバージェンス）の略です。電界のベクトル$\vec{E} = (E_x, E_y, E_z)$を使って(7-8)式を

$$\mathrm{div}\vec{E} \equiv \frac{\partial E_x(x, y, z)}{\partial x} + \frac{\partial E_y(x, y, z)}{\partial y} + \frac{\partial E_z(x, y, z)}{\partial z} = \frac{\rho}{\varepsilon}$$
(7-9)

と表します。これがガウスの法則の微分形の表現です。

■**微分形の電磁誘導の法則**

次に、(7-2)式の電磁誘導の法則を考えましょう。左辺の積分記号の$\oint$は、積分の経路が「閉じた周回路」であることを表していて、この積分を**周回積分**と呼びます。この周回積分の経路として図7-2のようなxy平面に平行な小さな正方形を考えましょう。ここで磁束密度B_zはz方向を向いています。小さな正方形の1辺の長さはΔxとΔyです。また、座標(x, y, z)でのx方向の電界を$E_x(x, y, z)$と表し、y方向の電界を$E_y(x, y, z)$と表すことにします。この小さな正方形に周回積分を適用して(7-2)式の左辺を計算しましょう。この計算には、次の4つの電界を使います。

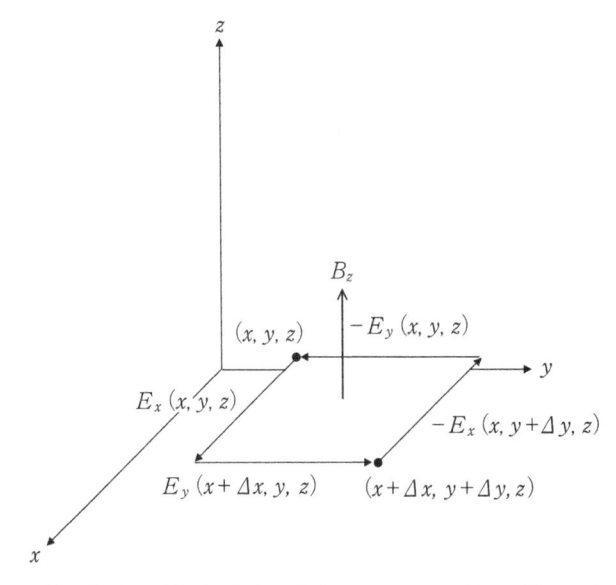

第7章 電磁気学と相対性理論——微分形のマクスウェル方程式

周回積分は正方形の矢印の方向にとるので、x軸やy軸のマイナス方向に向かう辺では電場成分にマイナスがかかります。

図7-2 微小な周回路に電磁誘導の法則を適用する

座標 (x, y, z) の x 方向の電界 $E_x(x, y, z)$

座標 (x, y, z) の y 方向の電界 $E_y(x, y, z)$

座標 $(x+\Delta x, y, z)$ の y 方向の電界 $E_y(x+\Delta x, y, z)$

座標 $(x, y+\Delta y, z)$ の x 方向の電界 $E_x(x, y+\Delta y, z)$

この4つの電界を使って（7-2）式の左辺の周回積分を書くと

$$\oint \vec{E} \cdot d\vec{r} = E_y(x+\Delta x, y, z)\Delta y - E_x(x, y+\Delta y, z)\Delta x$$
$$- E_y(x, y, z)\Delta y + E_x(x, y, z)\Delta x \quad (7\text{-}10)$$

となります。

(7-2) 式の右辺は z 方向の磁束密度を B_z とすると、この正方形の面積は $\Delta x \Delta y$ なので、

$$-\frac{d}{dt}\int \vec{B}\cdot\vec{n}\,dS = -\frac{d}{dt}(B_z \Delta x \Delta y) \quad (7\text{-}11)$$

となります。

よって、書き換えた (7-2) 式の両辺 ((7-10) 式＝ (7-11) 式) を $\Delta x \Delta y$ で割ると

$$\frac{E_y(x+\Delta x, y, z) - E_y(x, y, z)}{\Delta x} - \frac{E_x(x, y+\Delta y, z) - E_x(x, y, z)}{\Delta y}$$
$$= -\frac{d}{dt}B_z \quad (7\text{-}12)$$

となります。この左辺を微分に書き換えると

$$\frac{\partial E_y(x, y, z)}{\partial x} - \frac{\partial E_x(x, y, z)}{\partial y} = -\frac{\partial}{\partial t}B_z(x, y, z)$$
$$(7\text{-}13)$$

となります。

図7-2は磁束密度が z 方向を向いている場合でしたが、磁束密度が x 方向や y 方向を向いているときも同様に成り立つので

第7章 電磁気学と相対性理論 —— 微分形のマクスウェル方程式

$$\frac{\partial E_z(x,y,z)}{\partial y} - \frac{\partial E_y(x,y,z)}{\partial z} = -\frac{\partial}{\partial t}B_x(x,y,z)$$

$$\frac{\partial E_x(x,y,z)}{\partial z} - \frac{\partial E_z(x,y,z)}{\partial x} = -\frac{\partial}{\partial t}B_y(x,y,z)$$

(7-14)

の関係も成り立ちます。(7-13) 式や (7-14) 式の右辺を見ると、これらの式は磁束密度の x, y, z の各成分を表しているので、両辺を成分ごとにまとめて次のように書くことができます。なお次式では (x, y, z) は省略して書いています。

$$\left(\frac{\partial E_z}{\partial y} - \frac{\partial E_y}{\partial z},\ \frac{\partial E_x}{\partial z} - \frac{\partial E_z}{\partial x},\ \frac{\partial E_y}{\partial x} - \frac{\partial E_x}{\partial y}\right)$$
$$= \left(-\frac{\partial B_x}{\partial t},\ -\frac{\partial B_y}{\partial t},\ -\frac{\partial B_z}{\partial t}\right) \quad (7\text{-}15)$$

左辺は電界ベクトル $\vec{E}$ の x, y, z 成分である E_x, E_y, E_z を含んだ式になっていますが、これをまとめて $\mathrm{rot}\vec{E}$ と書きます。rotを**回転**と呼びます。英語ではrotation（ローテーション）です。物理的には電磁誘導の法則を表しているので、$\mathrm{rot}\vec{E}$ とは、電界の周回積分に対応する量であることがわかります。$\mathrm{rot}\vec{E}$ という記号が出てきたときには、積分形の電磁誘導の法則と同様にぐるっと一回りする電界を思い出せばよいということです。(7-15) 式の電磁誘導の法則をベクトルを使って表すと

$$\mathrm{rot}\vec{E} = -\frac{\partial \vec{B}}{\partial t} \qquad (7\text{-}16)$$

となります。これが微分形の電磁誘導の法則です。

■微分形のマクスウェル方程式の第3式と第4式

次に磁界に関するガウスの法則の (7-3) 式ですが、これは電界のガウスの法則とほとんど同じで、左辺の $\vec{E}$ が $\vec{B}$ に置き換わり、右辺の ρ/ε が 0 に置き換わっただけですから

$$\mathrm{div}\vec{B} = 0 \qquad (7\text{-}17)$$

となります。これが磁界に関する微分形のガウスの法則です。

続いて (7-4) 式のアンペール・マクスウェルの方程式について考えましょう。これは先ほどの電磁誘導の法則とよく似ています。左辺の周回積分は rot で表されるでしょう。右辺も電磁誘導の法則を参考にすると、積分の中の項がほとんどそのまま残ることがわかります。したがって

$$\mathrm{rot}\vec{H} = \vec{j} + \frac{\partial \varepsilon \vec{E}}{\partial t} \qquad (7\text{-}18)$$

となります。アンペール・マクスウェルの法則は電流密度 $\vec{j}$ のまわりをぐるっと回る磁界 $\mathrm{rot}\vec{H}$ が生じたり、電界が時間変化 $\frac{\partial \varepsilon \vec{E}}{\partial t}$ するとそのまわりをぐるっと回る磁界

rot $\vec{H}$ が生じるという関係です。

　以上の4つで微分形のマクスウェルの方程式が得られました。ここまで見ていただいたように積分形の方程式と微分形の方程式の意味は同じです。違いは、微分形は微小な空間で考えるということだけです。もちろん、空間の大小にかかわらずマクスウェルの方程式は成立します。ここで見たベクトルの div や rot を使う数学を**ベクトル解析**と呼びます。数学の授業で div や rot を学ぶと意味をつかみにくいのですが、このように、電磁界の基本法則と一緒に学ぶとかなり簡単です。これで、微分形のマクスウェルの方程式が完成しました。

　微分形のマクスウェルの方程式をまとめて書いておきましょう。

$$\mathrm{div}\vec{E} = \frac{\rho}{\varepsilon} \qquad (7\text{-}9)$$

$$\mathrm{rot}\vec{E} = -\frac{\partial \vec{B}}{\partial t} \qquad (7\text{-}16)$$

$$\mathrm{div}\vec{B} = 0 \qquad (7\text{-}17)$$

$$\mathrm{rot}\vec{H} = \vec{j} + \varepsilon\frac{\partial \vec{E}}{\partial t} \qquad (7\text{-}18)$$

■ ローレンツ力

　実は、電磁現象を表すには、マクスウェルの方程式だけでは不十分です。磁界中においた電線に電気を流すと、電線に力が働くことをアンペール（1775～1836）が発見しま

磁界中で電線に電流を流すと、磁界の向きと電流の向きの双方に垂直な方向に力Fが働きます。これがアンペールの力です。

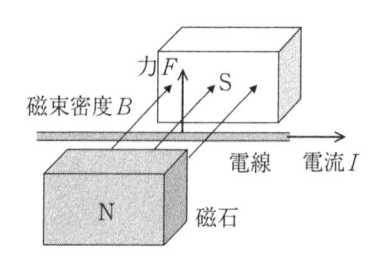

磁界中を進む電荷の進行方向と磁界の向きの双方に垂直な方向に電荷が力Fを受けます。これがローレンツ力です。

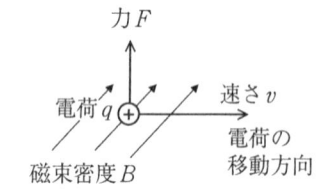

図7-3 アンペールの力とローレンツ力

した。この力を**アンペールの力**と呼びます（図7-3）。このアンペールの力を表す式が、マクスウェルの方程式に含まれていないのです。

　アンペールの力は、後にさらに整理されて、磁界中で動いている電荷に働く力としてまとめられました。まとめたのは本書にたびたび名前が登場したローレンツです。よって、この力を**ローレンツ力**と呼びます。ローレンツはローレンツ収縮やローレンツ変換だけでなく、ローレンツ力にも名前を残しました。ローレンツが19世紀の後半を代表する大学者であったことがわかります。ローレンツ力は、磁束密度の大きさがBである磁界の中を、電荷qが速度v

第7章 電磁気学と相対性理論——微分形のマクスウェル方程式

で移動すると、磁界の向きと電荷の進行方向の両方に垂直な方向に力 F が働くというものです。また、その力の大きさは、

$$F = qvB$$

で表されます。$\vec{F}, \vec{v}, \vec{B}$ をベクトルとして表す場合には、$\vec{v}$ と $\vec{B}$ の外積として表され

$$\vec{F} = q\vec{v} \times \vec{B}$$

となります（注：電界 $\vec{E}$ の中に置いた電荷 q にはクーロン力 $q\vec{E}$ が働きますが、$\vec{F} = q\vec{E} + q\vec{v} \times \vec{B}$ をまとめてローレンツ力と定義する場合もあります）。

　少し意外なことには、このローレンツ力は、アインシュタインが相対性理論を発表した1905年当時には、学界ではまだ広く認められてはいませんでした。本章の冒頭で電磁気学のパラドックスの解明にアインシュタインが関心を持っていたと述べましたが、それはこのローレンツ力に関わっています。そのパラドックスは

図7-3の下図で示したローレンツ力を、電荷と同じ速度で移動する慣性系 K′ から観測するとどのように見えるのか

というものです。ただし、電荷の速度は光速より十分遅くてもかまいません。このとき慣性系 K′ から見た電荷の相対速度はゼロなので K′ 系でローレンツ力は働かないことになります。しかし、この状況を実際に実験すると、K

系ではローレンツ力によって電荷の軌道が図7-3の上方に変化するのが見えるので、K′系で観測しても電荷が上方に移動し始めるのが見えるはずです。しかし、電荷と同じ速度で移動するK′系で観測するとローレンツ力は存在しないのです。いったいどのような力が働いているのでしょうか。

　アインシュタインの相対性理論の論文の主題の一つは、実はこのローレンツ力のパラドックスの解明でした。この相対性理論とローレンツ力の関係は、次章で見ることにしましょう。

地球は動いているか？

　1543年にコペルニクス（1473～1543）は地動説を表す「天体の回転について」を世に送り出しました。地動説は大きなインパクトを社会に与えましたが、天動説をすぐに駆逐したわけではありませんでした。というのは、地動説の正しさを証明する証拠がなかったからです。

　地動説の存在を証明するために重要だと考えられていたのが、年周視差の発見でした。年周視差とは、地球の公転によって生じる現象です。図7-4は地球の軌道面と垂直方向にある星Aと星Bがどのように地球から観測されるかを表しています。地球は1年をかけて太陽のまわりを1周します。3月に星Aが見えた位置と、9月に星Aが見える位置は、地球の公転軌道の直径分だけずれているので、星の位置を観測すれば、図中の角度θが測定できます。この角度θが年周視差です。

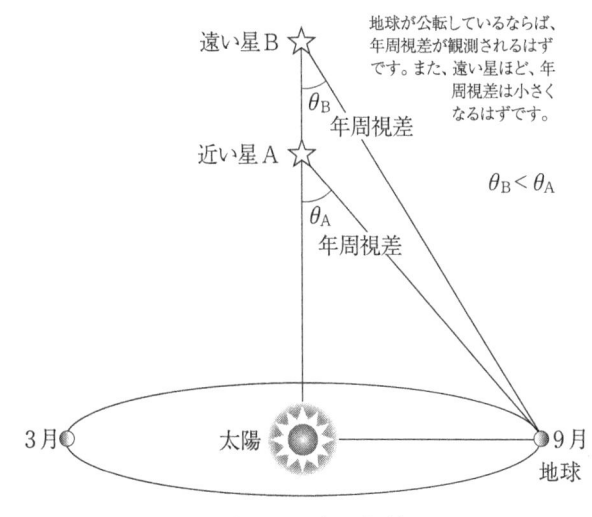

第7章 電磁気学と相対性理論 —— 微分形のマクスウェル方程式

図7-4 年周視差

　年周視差は、星が近いほど大きくなり、遠いほど小さくなると考えられます。とすると、1年を通じて多くの星の位置を観測し、半年前と位置がずれている星があれば、それは年周視差の存在を示すことになります。しかし、ティコ・ブラーエなどによる肉眼の観測では年周視差は発見できませんでした。光行差を発見したブラッドレーらも実はこの年周視差を発見しようとして望遠鏡を星に向けていました。

　年周視差の観測に成功したのは、ドイツの天文学者のベッセル（1784～1846）で、1838年のことでした。ブラッドレーの光行差の発見から約110年後、コペルニクスからは約300年後のことです。ベッセルは5万個にも及ぶ星の位置を調べ、

白鳥座61番星の年周視差を発見しました。年周視差は、わずか0.314秒角でした。1秒角は1度の3600分の1なので、とても肉眼では観測できません。

この年周視差 θ が1秒角である距離を1**パーセク**（parsec）と呼びます。視差は英語ではparallaxで、秒はsecondです。parsecはこの2つの単語の組み合わせです。1秒角はラジアンに直すと

$$\theta = 1\text{秒角} = \frac{2\pi}{360} \times \frac{1}{3600} = \frac{2\pi}{1296000} = \frac{\pi}{648000} \approx \frac{1}{206265}$$

となります。θ が微小なときには $\theta \approx \tan\theta$ なので、太陽と地球との間の距離の20万倍になります。太陽から地球までは、光速で8分19秒（＝499秒）かかるので、これを光年に直すと

$$\frac{499\text{秒} \times 20.6265\text{万倍}}{1\text{年}} = \frac{102926235}{365.25 \times 24 \times 3600} = \frac{102926235}{31557600}$$

$$\approx 3.26 \text{ 光年}$$

となります。太陽系に最も近い恒星は、ケンタウルス座アルファ星で、地球からは4.3光年で、1.3パーセクです。

筆者が10代だった1970年代には、社会全体の科学へのあこがれや期待が強く、SF小説も多数書店に並んでいました。恒星間飛行は、SF小説では日常茶飯事ですが、ときおり距離を表すのに「距離感のよくわからないパーセク」が使われていました。この単位が、科学の歴史の中でどのように生まれてきたかを知ってから、筆者も急に「パーセク」に親しみを持つようになりました。ハッブルの法則を表す図3-10の

第7章 電磁気学と相対性理論 —— 微分形のマクスウェル方程式

横軸の単位もパーセクです。

第8章

電磁気学はどう変わるか？

■マクスウェルの方程式のローレンツ変換

アインシュタインが仮定した相対性原理は、「ローレンツ変換によって物理の基本法則は変わらない」というものでした。とすると、「ローレンツ変換によってマクスウェル方程式が変わらないこと」も要求されます。マクスウェルの方程式は、すでに見たように4つありますが、本書では、方程式に電荷密度 ρ と電流密度 $\vec{j}$ が現れない (7-16) 式と (7-17) 式だけを扱うことにします。

ローレンツ変換のうち、(L-1) 式と (L-2) 式の右辺の変数は x と t の2つで、逆変換の (R-1) 式と (R-2) 式の右辺の変数は x' と t' の2つです。(7-9)、(7-16)〜(7-18) 式のマクスウェルの方程式を見ると、左辺の div や rot は x の偏微分を含み、(7-16) 式と (7-18) 式の右辺は t に関する偏微分を含んでいることがわかります。これから見るように、これを (L-1) 式と (L-2) 式のローレンツ変換後の変数 x' と t' に関する偏微分に書き換えれば、それがローレンツ変換後のマクスウェル方程式です。

この計算のために必要な「偏微分での変数変換」を見ておきましょう。x', t' が変数である〝ある関数〟を $f(x', t')$ とすると、これの x' による偏微分を

$$\frac{\partial}{\partial x'} f(x', t')$$

と表します。では、$f(x', t')$ を別の変数 x で偏微分するときには、どうなるかというと、微分の変数変換を使って

$$\frac{\partial}{\partial x}f(x', t') = \frac{\partial x'}{\partial x}\frac{\partial}{\partial x'}f(x', t') + \frac{\partial t'}{\partial x}\frac{\partial}{\partial t'}f(x', t')$$

となります。この微分記号の関係だけを抜き出して、$f(x', t')$ を省略して

$$\frac{\partial}{\partial x} = \frac{\partial x'}{\partial x}\frac{\partial}{\partial x'} + \frac{\partial t'}{\partial x}\frac{\partial}{\partial t'} \qquad (8\text{-}1)$$

と書くこともできます。同様に t に関する偏微分として

$$\frac{\partial}{\partial t} = \frac{\partial x'}{\partial t}\frac{\partial}{\partial x'} + \frac{\partial t'}{\partial t}\frac{\partial}{\partial t'} \qquad (8\text{-}2)$$

も得られます。(8-1) 式には $\frac{\partial x'}{\partial x}$ や $\frac{\partial t'}{\partial x}$ という微分があるのでこれを求めましょう。ローレンツ変換を表す (L-1) 式と (L-2) 式

$$x' = \gamma(x - c\beta t) \qquad (\text{L-1})$$
$$t' = \gamma\left(t - \frac{\beta}{c}x\right) \qquad (\text{L-2})$$

を x で偏微分すると

$$\frac{\partial x'}{\partial x} = \frac{\partial}{\partial x}\{\gamma(x - c\beta t)\} = \gamma$$
$$\frac{\partial t'}{\partial x} = \frac{\partial}{\partial x}\left\{\gamma\left(t - \frac{\beta}{c}x\right)\right\} = -\frac{\gamma\beta}{c}$$

が得られます。また、同様に (8-2) 式には $\dfrac{\partial x'}{\partial t}$ や $\dfrac{\partial t'}{\partial t}$ という微分があるのでこれを求めましょう。(L-1) 式と (L-2) 式を t で偏微分すると

$$\frac{\partial x'}{\partial t}=\frac{\partial}{\partial t}\{\gamma(x-c\beta t)\}=-\gamma c\beta$$

$$\frac{\partial t'}{\partial t}=\frac{\partial}{\partial t}\left\{\gamma\left(t-\frac{\beta}{c}x\right)\right\}=\gamma$$

が得られます。なお、y と z に関しては、

$$y=y', \quad z=z'$$

なので

$$\frac{\partial}{\partial y}=\frac{\partial}{\partial y'} \qquad (8\text{-}3)$$

$$\frac{\partial}{\partial z}=\frac{\partial}{\partial z'} \qquad (8\text{-}4)$$

が成り立ちます。

さて、これらを (8-1) 式と (8-2) 式に代入すると

$$\frac{\partial}{\partial x}=\gamma\frac{\partial}{\partial x'}-\frac{\gamma\beta}{c}\frac{\partial}{\partial t'} \qquad (8\text{-}5)$$

$$\frac{\partial}{\partial t}=-\gamma c\beta\frac{\partial}{\partial x'}+\gamma\frac{\partial}{\partial t'} \qquad (8\text{-}6)$$

となります。

これで、変数変換に関する式がそろったので、(7-17) 式の変数変換を行ってみましょう。(7-17) 式は

$$\mathrm{div}\vec{B} = \frac{\partial B_x}{\partial x} + \frac{\partial B_y}{\partial y} + \frac{\partial B_z}{\partial z} = 0$$

なので、これに (8-3) 〜 (8-5) 式を用いて微分変数の変換を行うと

$$\gamma \frac{\partial B_x}{\partial x'} - \frac{\gamma\beta}{c} \frac{\partial B_x}{\partial t'} + \frac{\partial B_y}{\partial y'} + \frac{\partial B_z}{\partial z'} = 0$$

となり、整理すると

$$\frac{\partial B_x}{\partial x'} = \frac{\beta}{c} \frac{\partial B_x}{\partial t'} - \frac{1}{\gamma} \frac{\partial B_y}{\partial y'} - \frac{1}{\gamma} \frac{\partial B_z}{\partial z'} \qquad (8\text{-}7)$$

となります。

次に (7-16) 式の x 成分に変数変換を行ってみましょう。(7-16) 式の x 成分は (7-15) 式から

$$\frac{\partial E_z}{\partial y} - \frac{\partial E_y}{\partial z} = -\frac{\partial B_x}{\partial t}$$

なので、(8-3) 式、(8-4) 式、(8-6) 式を用いて

$$\frac{\partial E_z}{\partial y'} - \frac{\partial E_y}{\partial z'} = \gamma c \beta \frac{\partial B_x}{\partial x'} - \gamma \frac{\partial B_x}{\partial t'}$$

となります。さきほどの (8-7) 式を右辺の第 1 項に代入して変数 y', z', t' ごとの偏微分に整理すると

213

$$\frac{\partial E_z}{\partial y'} - \frac{\partial E_y}{\partial z'} = \gamma c\beta \left(\frac{\beta}{c} \frac{\partial B_x}{\partial t'} - \frac{1}{\gamma} \frac{\partial B_y}{\partial y'} - \frac{1}{\gamma} \frac{\partial B_z}{\partial z'} \right) - \gamma \frac{\partial B_x}{\partial t'}$$

$$= -c\beta \frac{\partial B_y}{\partial y'} - c\beta \frac{\partial B_z}{\partial z'} - \gamma(1-\beta^2) \frac{\partial B_x}{\partial t'}$$

$$\therefore \frac{\partial}{\partial y'}(E_z + c\beta B_y) - \frac{\partial}{\partial z'}(E_y - c\beta B_z) = -\frac{1}{\gamma} \frac{\partial B_x}{\partial t'} \qquad (8\text{-}8)$$

となります。K′系でもマクスウェルの方程式が同じように成り立つとすると (7-16) 式も K′系の変数 y', z', t' について

$$\frac{\partial E'_z}{\partial y'} - \frac{\partial E'_y}{\partial z'} = -\frac{\partial B'_x}{\partial t'} \qquad (8\text{-}9)$$

が成り立つ必要があり、これは、(7-16) 式の x 成分にローレンツ変換を施して得られた (8-8) 式とほぼ1対1に対応しているはずです。よって、(8-8) 式と (8-9) 式を見比べると

$$E_z + c\beta B_y \leftrightarrow E'_z$$
$$E_y - c\beta B_z \leftrightarrow E'_y$$
$$\frac{1}{\gamma} B_x \leftrightarrow B'_x$$

の対応関係があるはずです。「ほぼ」というのは、(8-8) 式や (8-9) 式の両辺に任意の定数をかけてもこれらの式は成り立つので、それぞれの項は定数倍違う可能性があることになります。この定数倍の項を s とおくと、この3

つの対応関係は

$$E'_z = s(E_z + c\beta B_y) \quad (8\text{-}10)$$
$$E'_y = s(E_y - c\beta B_z) \quad (8\text{-}11)$$
$$B'_x = \frac{s}{\gamma} B_x \quad (8\text{-}12)$$

となります。

　ここで係数 s を求めるために、(8-12) 式に注目しましょう。この式は、両辺に磁界の x 成分だけしか含んでいない簡単な形をしています。K′ 系は K 系に対して相対速度 V で移動しているので、K′ 系から K 系を見た相対速度は $-V$ です。このローレンツ逆変換を同様に求めると、(8-12) 式の γ $(=1/\sqrt{1-(V/c)^2})$ に含まれる V を $-V$ に置き換えた式になることは容易に推測できます（もちろん、まじめに計算してもそうなります）。したがって、ローレンツ逆変換では、

$$B_x = \frac{s}{\gamma} B'_x \quad (8\text{-}13)$$

の関係が成り立ちます。ローレンツ変換を施した後で、続いてローレンツ逆変換を施すと、磁界は元の磁界と一致するはずです。よって、(8-13) 式に (8-12) 式を代入すると

$$B_x = \left(\frac{s}{\gamma}\right)^2 B_x$$

215

となります。よって、両辺が一致するためには、

$$\frac{s^2}{\gamma^2}=1$$

でなければならないことがわかります。この式から $s=\gamma$ か $s=-\gamma$ が解になりうることがわかります。このうち、相対速度がゼロに近づく場合（$V \to 0$ の場合なので $\gamma \to 1$）には、(8-12) 式において $B'_x = B_x$ に近づくという条件から、$s=\gamma$ のみが残ります。よって、(8-10) ～ (8-12) 式は、

$$E'_z = \gamma(E_z + c\beta B_y) \qquad (8\text{-}14)$$
$$E'_y = \gamma(E_y - c\beta B_z) \qquad (8\text{-}15)$$
$$B'_x = B_x \qquad (8\text{-}16)$$

となります。

　同様に (7-15) 式の y 成分と z 成分にローレンツ変換による変数変換を行うと、

$$E'_x = E_x \qquad (8\text{-}17)$$
$$B'_y = \gamma\left(B_y + \frac{\beta}{c}E_z\right) \qquad (8\text{-}18)$$
$$B'_z = \gamma\left(B_z - \frac{\beta}{c}E_y\right) \qquad (8\text{-}19)$$

の関係が得られます（導出は類似なので割愛します）。これらが、マクスウェル方程式の共変性を保つための電界と磁界の条件です。

第8章 電磁気学はどう変わるか？

なお、ローレンツ逆変換によって、同様に以下の関係が導かれます。これらは、(8-14) ～ (8-19) 式で V を $-V$ にすれば得られます。

$$E_x = E'_x$$
$$E_y = \gamma(E'_y + c\beta B'_z)$$
$$E_z = \gamma(E'_z - c\beta B'_y)$$
$$B_x = B'_x$$
$$B_y = \gamma\left(B'_y - \frac{\beta}{c}E'_z\right)$$
$$B_z = \gamma\left(B'_z + \frac{\beta}{c}E'_y\right)$$

本章の冒頭で、マクスウェル方程式はローレンツ変換に対して共変的であると述べました。しかし、正確には「(8-14) 式から (8-19) 式の条件を満たすならばローレンツ変換に対して共変的である」ということです。したがって、「条件付きの共変」です。この条件の中で (8-16) 式の $B'_x = B_x$ と (8-17) 式の $E'_x = E_x$ は、相対速度 V がゼロの場合には当然成り立つ関係なので $V \neq 0$ の場合にもこれらの関係が成り立つと言われても特に違和感を抱かない方が多いでしょう。では、(8-14) 式や (8-15) 式の条件はどのような物理的な内容を含んでいるのでしょうか。それを次節で見てみましょう。

■共変性を満たすための条件から何が導かれるか

マクスウェル方程式の共変性を保つための条件が、物理的にはどのような内容なのかを見てみましょう。前節で述べたように、(8-16) 式と (8-17) 式から x 方向の電界と磁界は何ら変更されないことがわかります。一方、それ以外の (8-14) 式や (8-15) 式から y 方向と z 方向の電界と磁界が影響されることがわかります。これは、第2部の相対論的力学で、おもに x 方向に相対性理論の影響が現れていたのとは異なっています。

y 方向と z 方向の電磁界への影響を見てみましょう。ここで理解しやすくするために図8-1のように

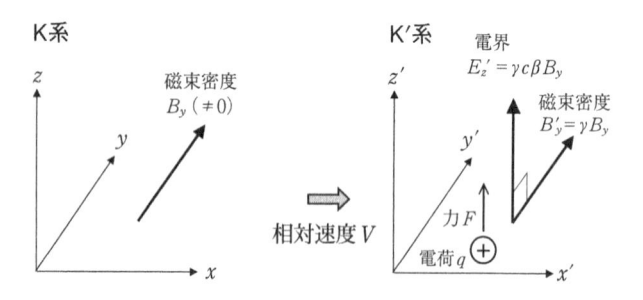

K系

磁束密度 $B_y (\neq 0)$

K′系

電界 $E_z' = \gamma c \beta B_y$
磁束密度 $B_y' = \gamma B_y$
力 F
電荷 q

相対速度 V

K系では、磁束密度 $B_y (\neq 0)$ の磁界があり、それ以外の方向の磁界や電界はすべてゼロであるとします。

このとき、K′系では、磁界の他に、電界 $E_z' = \gamma c \beta B_y$ も現れます。K′系に静止した電荷 q があったとすると、この電界によって z' 方向に力 $F = qE_z'$ が働きます。この力をK系から観測したのがローレンツ力です。

図8-1　K′系に静止した電荷に働く力は？

第8章 電磁気学はどう変わるか？

K系で、磁束密度 $B_y(\neq 0)$ の磁界があり、

それ以外の方向の磁界や電界はすべてゼロである

という簡単な系を考えます。

このとき、相対速度 V で x 方向に動いている K′ 系の電界と磁界について考えましょう。この K′ 系の電界と磁界は先ほどのローレンツ変換を共変に保つ条件式に含まれています。電界 E'_z は、(8-14) 式で $E_z=0$ とおけば（ここでは、K系では磁束密度 $B_y(\neq 0)$ の磁界以外の方向の磁界や電界はすべてゼロの場合を考えるので）

$$E'_z = \gamma c\beta B_y \qquad (8\text{-}20)$$

となります。また、B'_y については、(8-18) 式で $E_z=0$ とおけば

$$B'_y = \gamma B_y \qquad (8\text{-}21)$$

が得られます。(8-21) 式は左辺も右辺も磁界の y 成分なので、この変換関係をそれほど奇妙には感じないでしょう。しかし、(8-20) 式は、左辺が K′ 系の電界で、右辺は K系の磁界になっています。これは、K系では磁界 B_y しか存在しなかったのに、K′ 系では電界 E'_z も現れることを意味します。つまり、

電界が現れるか磁界が現れるかは、観測する慣性系によって異なる

ということを意味します。

この新たに登場した (8-20) 式の電界の影響を、さらに詳しく見てみましょう。ここで、K′系の時間 $t=0$ の瞬間に K′系で静止している電荷 q について考えることにします。この電荷の K 系での x 方向の速度 V は、K′系の K 系に対する相対速度 V と同じです。このとき K′系では、この電荷に (8-20) 式の電界

$$E'_z = \gamma c \beta B_y = \gamma V B_y$$

が働きます。電荷 q は、時間 $t=0$ の瞬間に K′系に対して静止しているので (8-21) 式の B'_y によるローレンツ力は K′系では働きません。一方、電界は速度 V が光速 c に比べて小さいときには、$\gamma \approx 1$ と近似できるので、(8-20) 式の電界は

$$E'_z = V B_y$$

となります。ここで一つ注目すべきことは、このように V が光速よりはるかに小さくても、この電界 E'_z は K′系に現れるということです。前々章までに見たように、相対性理論の力学への影響は、相対速度 V が光速 c に近くならなければ顕在化しませんでした。ところが、電磁気学への影響は、このように相対速度 V が小さくても現れるのです。

次に、この電界によって働く力に注目しましょう。電荷 q にこの電界がかかったときに生じるクーロン力は、

$$F = q E'_z = q V B_y \qquad (8\text{-}22)$$

です。このとき K′ 系では、正の電荷 q は z 方向に電界の力を受けて動き始めます。これを、K 系から観測すると、速度 V で x 方向に進む電荷の軌道が z 方向に曲がり始めるのが観測されるでしょう（図8-1の右図）。K 系から観測した場合のこの力の方向と大きさに見覚えはないでしょうか。そうです、これはローレンツ力と同じなのです。図8-1で、K 系から観測すると、$t=0$ の瞬間に磁界 B_y の中を速度 V で x 方向に電荷 q が動いているわけですから、ローレンツ力

$$F = qVB_y$$

が発生します。これは（8-22）式と同じです。ということは、**ローレンツ力**と呼ばれていた力は、実は「**電磁現象の相対論的効果である**」とも表現できることになります。電磁気学では、

マクスウェル方程式 ＋ ローレンツ力

で電磁現象が説明できると考えられていました。マクスウェル方程式がローレンツ変換に対して共変的であるための条件式からローレンツ力が現れたということは、この「マクスウェルの方程式とローレンツ力で電磁現象が描写できる」という枠組みは相対性理論登場後も変わらないということを意味します。前章の終わりで述べたパラドックスもこれで解けたことになります。

　アインシュタインの1905年の相対性理論の論文のタイトルは「運動物体の電気力学（Zur Elektrodynamik

bewegter Körper)」です。このタイトルは、まさにこのローレンツ力を指しています。前章でも述べたように、この論文が発表された1905年には、ローレンツ力の存在は広く科学者に認められているという状況ではありませんでした。アインシュタインはこの「ローレンツ力が相対性原理の要請から導き出せること」に、一つの重点を置きました。内山龍雄阪大名誉教授は、このローレンツ力の導出について次のように述べています。

「アインシュタインが、彼の相対論から、ローレンツの提案した$\vec{F}$という量を、きわめて自然に導くことができるということを示したかったのは、きわめて当然のことといえよう。(中略) まだ名も知られていない新参のアインシュタインにとっては、当時、既に学界の第一人者として君臨していた大学者ローレンツの主張が、自分の新理論のひとつの応用例にすぎないということを強調することは、おさえることのできない痛快事であったに違いない」(『相対性理論』アインシュタイン著、内山龍雄訳・解説、岩波文庫)

アインシュタインが残した多くの発言から彼の性格を推し量ると、「大学者ローレンツと新参の自分自身」という世俗的な対比を抱いていた可能性はほとんどないように思われます。しかし、電磁気学上のパラドックスを解いたことに大いなる喜びを感じていたであろうことは、間違いないことでしょう。そしてそれが1905年の相対性理論の論文

の主題とタイトルに反映されたのでしょう。

さて本章では、相対性理論と電磁気学の関係を理解しました。この両者の関係は、より具体的にはローレンツ変換とマクスウェルの方程式との関係です。その結果、電界や磁界の存否は慣性系によって異なること、ローレンツ力が相対性原理の要請から導かれることを理解しました。電磁気学と相対性理論の関わりについては、相対性理論の入門書では触れない場合も多いのですが、アインシュタインの相対性理論の論文のタイトルが、「運動物体の電気力学」であったように、アインシュタインにとっては、相対性理論と電磁気学との関わりが主な関心事でした。

電磁気学のパラドックスを解いた1905年のアインシュタインに到達したところで、本書を終えることにしましょう。読者の皆さんの脳内には、すでに新たな時空間の描像が構築されていることと思います。

相対性理論のその後

本書で扱っている特殊相対性理論は、ここまで見たように、等速直線運動を行う慣性系において成立します。この慣性系において様々な興味深い現象が起こることを目の当たりにしてきました。しかし、特殊相対性理論が扱える対象は限られています。というのは、加速度のある系を扱えないからです。1905年に特殊相対性理論を発表してから10年後に、アインシュタインは**一般相対性理論**を発表しました。一般相対性理論では、加速度のある系や重力のある系も扱います。

1905年の特殊相対性理論の登場によって、マイケルソン・モーレーの実験を矛盾なく説明できるようになりましたが、それ以外の実験的検証には長い時間がかかりました。一般相対性理論によると重力によって光が曲がることが予想されます。イギリスのエディントン（1882～1944）らが、恒星からの光が太陽の重力によって曲がることを、皆既日蝕を利用して観測したのが1919年でした。エディントンらは、ロンドン、西アフリカ、北ブラジルの3ヵ所で皆既日蝕を利用して太陽の近傍の恒星の写真を撮り、それらの比較から一般相対性理論の予測値に近い測定値を得ました。本書で取り上げたコンプトン散乱の実験は1922年で、ミュー粒子の発見が1933年、ハーンらによる核分裂の発見は1938年でした。アインシュタインの1921年のノーベル物理学賞が相対性理論ではなくおもに光量子仮説の貢献に対して与えられたのは、相対性理論の実験的検証に時間を要したことにも一因があると考えられます。

　今日では、私たちの身近に一般相対性理論と密接な関係を持つ文明の利器が存在します。それは、GPSです。GPSはGlobal Positioning Systemと呼ばれ、約30個の衛星が地球の周りをまわっています。これらのGPS衛星は原子時計を積んでいますが、地球を秒速約4kmで周回しています。このGPS衛星の時間のずれを補正するためには、特殊相対性理論だけではなく重力を考慮した一般相対性理論も使われています。もし一般相対性理論が間違っていたならば、GPS衛星から送られてくる時間の情報は不正確になり、カーナビが弾き出す車の位置や、GPS対応の携

帯電話が指し示す自分自身の位置は、誤りだらけになってしまうことでしょう。相対性理論の登場から100年後の世界では、このように相対性理論が身近なところで活躍しています。

付録

第1章

■ $\sqrt{1-a} \approx 1-\dfrac{a}{2}$ の近似

この近似がどの程度正しいかを電卓で計算してみると

a	0	0.01	0.1	0.2
$\sqrt{1-a}$	1	0.99499	0.94868	0.89443
$1-\dfrac{a}{2}$	1	0.995	0.95	0.9

となります。$a=0.2$ の場合でも、差は1％以内です。第1章の「a が1億分の1の場合」には、とてもよい近似です。

この近似は、大学の理系学部の1年生で通常習うテイラー展開によって求められます。テイラー展開によると、ある関数 $f(x)$ は $x=0$ の近傍で次のように展開できます。

$$f(x) = f(0) + f'(0)x + \frac{1}{2}f''(0)x^2 + \cdots$$

$f(x)=\sqrt{1-x}$ を代入し、右辺の第2項まで拾うとこの近似が得られます。

付録

■「度」と「ラジアン」

　私たちに身近な角度は、30度や45度の「度」の単位ですが、その度の60分の1の角度を「分角」と呼びます。そして、その分角のさらに60分の1を「秒角」と呼びます。したがって、1秒角は1度の3600分の1になります。

　角度の単位には他に「ラジアン」もあります。ラジアンは、図付1のように、ある角度の円弧の長さ s を半径 r で割った値です。したがって、1度をラジアンに直すと、「1度の円弧の長さ÷半径」となります。円周は $2\pi r$ で、その360分の1の $2\pi r/360$ が1度の円弧の長さなので、

$$1 度 = \frac{2\pi r}{360} \div r = \frac{\pi}{180} \text{ラジアン}$$

となります。また、角度 θ が小さいときには、図付1からわかるように

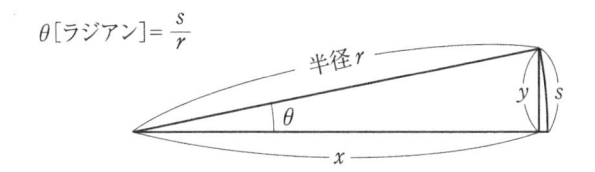

$$\theta [\text{ラジアン}] = \frac{s}{r}$$

θ が小さい場合には、$s \approx y$ かつ $r \approx x$ なので、

$$\theta = \frac{s}{r} \approx \sin\theta = \frac{y}{r} \approx \tan\theta = \frac{y}{x}$$

となります。

図付1　ラジアンと半径 r、円弧 s の関係

$$\theta(\text{ラジアン}) \approx \tan\theta \approx \sin\theta$$

と近似できます。

第4章
■オイラーの公式

指数関数と三角関数をつなぐ公式として理系大学の1、2年生で学ぶオイラーの公式があります。これは、

$$e^{i\phi} = \cos\phi + i\sin\phi$$

というもので、テイラー展開から求められます。このオイラーの公式を使うと

$$\begin{aligned}e^{-i\phi} &= \cos(-\phi) + i\sin(-\phi) \\ &= \cos\phi - i\sin\phi\end{aligned}$$

となるので、オイラーの公式と足し合わせると、

$$e^{i\phi} + e^{-i\phi} = 2\cos\phi$$

となり、

$$\cos\phi = \frac{e^{i\phi} + e^{-i\phi}}{2}$$

が得られます。サインについても同様に求められます。

■タンジェントの和の公式

サインとコサインの和の公式は

$$\sin(\phi_1+\phi_2)=\sin\phi_1\cos\phi_2+\cos\phi_1\sin\phi_2$$
$$\cos(\phi_1+\phi_2)=\cos\phi_1\cos\phi_2-\sin\phi_1\sin\phi_2$$

なので、

$$\tan(\phi_1+\phi_2)=\frac{\sin(\phi_1+\phi_2)}{\cos(\phi_1+\phi_2)}=\frac{\tan\phi_1+\tan\phi_2}{1-\tan\phi_1\tan\phi_2}$$

となります。

第5章
■(5-14) 式の分数が γ に等しいことの証明
(5-11) 式の

$$v\equiv\frac{2V}{1+\frac{V^2}{c^2}}$$

の両辺を c で割って、その2乗をとり、さらに1から引くと

$$1-\left(\frac{v}{c}\right)^2=1-\left(\frac{2\frac{V}{c}}{1+\frac{V^2}{c^2}}\right)^2$$

となり、この左辺は $\frac{1}{\gamma^2}$ に等しくなります。この右辺をさらに続けて計算すると

$$=\frac{\left(1+\frac{V^2}{c^2}\right)^2-4\left(\frac{V}{c}\right)^2}{\left(1+\frac{V^2}{c^2}\right)^2}=\frac{\left(1-\frac{V^2}{c^2}\right)^2}{\left(1+\frac{V^2}{c^2}\right)^2}$$

となります。左辺は $\frac{1}{\gamma^2}$ に等しいので、まとめると

$$\frac{1}{\gamma^2}=\frac{\left(1-\frac{V^2}{c^2}\right)^2}{\left(1+\frac{V^2}{c^2}\right)^2}$$

です。この平方根は、

$$\frac{1}{\gamma}=\pm\frac{1-\frac{V^2}{c^2}}{1+\frac{V^2}{c^2}}$$

ですが、γ は負にはならないので、右辺はプラスのみが残ります。

■(5-18) 式の証明

まず、(5-17) 式の中の微分を計算すると、

$$F = \frac{d}{dt}\left(\frac{m_0 v(t)}{\sqrt{1 - \frac{v^2(t)}{c^2}}}\right)$$

$$= \frac{m_0}{\sqrt{1 - \frac{v^2(t)}{c^2}}} \frac{d}{dt} v(t)$$

$$+ m_0 v(t) \frac{d}{dt}\left(\frac{1}{\sqrt{1 - \frac{v^2(t)}{c^2}}}\right) \quad \text{(F-1)}$$

となり、また、この右辺の右端の微分を計算すると

$$\frac{d}{dt}\left(\frac{1}{\sqrt{1-\frac{v^2(t)}{c^2}}}\right) = \frac{d}{dt}\left\{\left(1-\frac{v^2(t)}{c^2}\right)^{-\frac{1}{2}}\right\}$$

$$= -\frac{1}{2}\left(1-\frac{v^2(t)}{c^2}\right)^{-\frac{3}{2}} \frac{d}{dt}\left(1-\frac{v^2(t)}{c^2}\right)$$

$$= \frac{1}{2c^2}\left(1-\frac{v^2(t)}{c^2}\right)^{-\frac{3}{2}} 2v(t) \frac{dv(t)}{dt}$$

$$= \frac{1}{c^2} \frac{1}{\left(1-\frac{v^2(t)}{c^2}\right)\sqrt{1-\frac{v^2(t)}{c^2}}} v(t) \frac{dv(t)}{dt}$$

$$= \frac{v(t)}{c^2} \frac{1}{\left(1-\frac{v^2(t)}{c^2}\right)} \frac{1}{\sqrt{1-\frac{v^2(t)}{c^2}}} \frac{dv(t)}{dt} \quad \text{(F-2)}$$

となります。(F-2) 式の最後の項は、(F-1) 式の右辺の第1項と似ています。そこで、(F-2) 式を書き直すと

$$\frac{1}{\sqrt{1-\frac{v^2(t)}{c^2}}}\frac{dv(t)}{dt}=\frac{c^2}{v(t)}\left(1-\frac{v^2(t)}{c^2}\right)\frac{d}{dt}\left(\frac{1}{\sqrt{1-\frac{v^2(t)}{c^2}}}\right)$$

となり、これを（F-1）式の右辺の第1項に代入すると、

$$F=\frac{m_0 c^2}{v(t)}\left(1-\frac{v^2(t)}{c^2}\right)\frac{d}{dt}\left(\frac{1}{\sqrt{1-\frac{v^2(t)}{c^2}}}\right)$$

$$+m_0 v(t)\frac{d}{dt}\left(\frac{1}{\sqrt{1-\frac{v^2(t)}{c^2}}}\right)$$

$$=\left\{\frac{m_0 c^2}{v(t)}-m_0 v(t)+m_0 v(t)\right\}\frac{d}{dt}\left(\frac{1}{\sqrt{1-\frac{v^2(t)}{c^2}}}\right)$$

$$=\frac{m_0 c^2}{v(t)}\frac{d}{dt}\left(\frac{1}{\sqrt{1-\frac{v^2(t)}{c^2}}}\right)$$

となり、(5-18) 式が得られます。

■(5-19) 式の導出

ニュートン力学では、力 F で物体を距離 x 動かした場合の仕事 W は

$$W=Fx$$

です。仕事 W はエネルギー E と等価なので

$$E = Fx$$

と書けます。この両辺を時間 t で微分すると

$$\frac{dE}{dt} = \frac{d(Fx)}{dt} = \frac{dF}{dt}x + F\frac{dx}{dt}$$

となります。速度 $v = \frac{dx}{dt}$ なので

$$\frac{dE}{dt} = \frac{dF}{dt}x + Fv$$

となります。力が時間変化しない場合は、右辺の第1項の微分はゼロになり、(5-19) 式の

$$\frac{dE}{dt} = Fv$$

が得られます。

■ $\frac{1}{\sqrt{1-x}} = (1-x)^{-\frac{1}{2}} \approx 1 + \frac{1}{2}x$ の近似

第1章の $\sqrt{1-a} \approx 1 - \frac{a}{2}$ の近似と同じくテイラー展開により求められます。

233

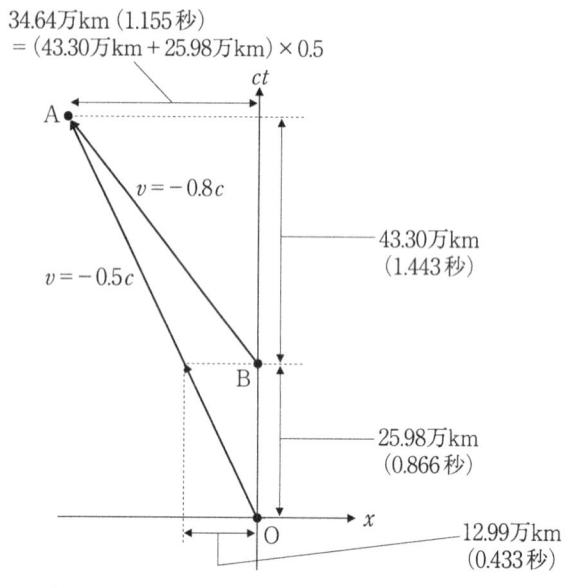

第6章
■宇宙船の慣性系で見る双子のパラドックス

双子のパラドックスを宇宙船の慣性系で見てみましょう（図付2）。図6-2の宇宙船の「O→B間の慣性系」で考えます。O→B間で、図6-2と同じく、25.98万 km（$\sqrt{3}/2=0.866$秒）経過した時点で、宇宙船が反転したとします。その時、地球との距離は

$$0.5c \times \frac{\sqrt{3}}{2} = 12.99万\ \text{km}$$

34.64万km（1.155秒）
＝（43.30万km＋25.98万km）×0.5

$v=-0.8c$

$v=-0.5c$

43.30万km（1.443秒）

25.98万km（0.866秒）

12.99万km（0.433秒）

図付2　宇宙船の慣性系で見る双子のパラドックス

です。

　反転後のB→A間での速度は、地球の慣性系から観測すると $-0.5c$ ですが、宇宙船の「O→B間の慣性系」では、相対性理論での速度の合成則（3-12）式より、次のように $-0.8c$ となります。

$$\frac{-0.5c-0.5c}{1+0.5\times 0.5}=-\frac{1c}{1.25}=-0.8c$$

「O→B間の慣性系」でのB→A間の時間を t とすると、地球は「O→B間の慣性系」に対して変わらず $-0.5c$ で移動しているので、BAとOAの交点Aの x 座標の次の関係から求められます。

$$-12.99万\text{ km}-0.5ct=-0.8ct$$

したがってBA間の時間は、この式から

　$ct=12.99万\text{ km}/0.3=43.30万\text{ km}$（$t=1.443$ 秒）

となります。

　よって、OA間の固有時は

$$\sqrt{(43.30万\text{ km}+25.98万\text{ km})^2-34.64万\text{ km}^2}$$
$$=60万\text{ km}（=2秒）$$

となり、地球に固定した慣性系の図6-2と同じになります。

　また、BA間の固有時は

$$\sqrt{43.30万\text{ km}^2-34.64万\text{ km}^2}=25.98万\text{ km}（=0.866秒）$$

となり（よって、O→B→Aの固有時は、1.732秒)、こちらも地球に固定した慣性系の図6-2と同じ結果となります。

参考資料・文献

『物理学への道 下』斉藤晴男、砂川重信、松田久ほか著、学術図書出版社
『相対性理論』アインシュタイン著、内山龍雄訳・解説、岩波文庫
『アインシュタインの生涯』C.ゼーリッヒ著、広重徹訳、東京図書
『晩年に想う』アインシュタイン著、中村誠太郎・南部陽一郎・市井三郎訳、講談社文庫
『アインシュタイン伝』矢野健太郎著、新潮文庫
『相対性理論の考え方』砂川重信著、岩波書店
『相対性理論入門講義』風間洋一著、培風館
『相対性理論』中野董夫著、岩波書店
"On the Relative Motion of the Earth and the Luminiferous Ether", Albert A. Michelson, Edward W. Morley, American Journal of Science, 34, pp. 333 (1887).
"Raum und Zeit", Hermann Minkowski, Jahresberichte der Deutschen Mathematiker-Vereinigung, (21st September, 1908). Saha's translation: The Principle of Relativity (1920), Calcutta University Press, pp. 70-88.
"The radial velocity of the Andromeda Nebula", V. M. Slipher, Lowell Observatory Bulletin, 58, pp.2.56-2.57 (1912).
"Spectrographic Observations of Nebulae", V. M. Sli-

pher, Journal Popular Astronomy, Vol. 23, pp. 21-24 (1915).

"A Quantum Theory of the Scattering of X-Rays by Light Elements", Arthur H. Compton, Physical Review, vol. 21, No.5, pp. 483-502, (1923).

「ハッブルかルメートルか：宇宙膨張発見史をめぐる謎（交流）」須藤靖、日本物理学会誌、Vol.67, No.5, p.311 (2012).

おわりに

　本書は特殊相対性理論の解説を第一の主題としました。このため紙面の制約から、相対性理論を生み出したアインシュタイン自身に触れる機会は、あまりありませんでした。しかし、人間としてのアインシュタインについて語るならば、これも1冊の本では収まらなくなることでしょう。

　1905年に特殊相対性理論を発表してから、数年にしてアインシュタインは有名になりました。1911年にプラハの大学に移る際には、スイスの新聞記事になるほどの存在になっていました。ただし、一般の人々には大きな誤解をされることもしばしばでした。時間を加えた4次元のミンコフスキー空間を、「4次元」という言葉から「霊界」と誤解されることもあったようです。有名でありながらも、その元となった相対性理論をほとんどの人が理解していないという状況を、アインシュタインはおかしみをもって眺めていたようです。

　アインシュタインは幼少期のドイツでの堅苦しい教育を嫌い、自由を追い求めた人でした。人間の追い求めるべき目標として、「あらゆる偏見にとらわれない内的な自由の確立」を挙げています。偏見にとらわれない発想が、アインシュタインの独創的な研究を生み出す一因となったこと

おわりに

は確かでしょう。また、真理の探究を喜びとし、一方で、世俗的な成功（有名になることを含めて）には関心を持ちませんでした。アインシュタインの言葉をいくつか挙げておきます。

安楽と幸福は、わたしには、けっしてそれ自体が目標であったことはない。（中略）ふつうの人間の努力の目標——財産、外面的な成功、ぜいたくといったものは、わたしにはずっと若いころからくだらないものに思われた。（『アインシュタインの生涯』C.ゼーリッヒ著、広重徹訳、東京図書）

普通の意味の成功を、人生の目標として若い人々に説くことのないように、充分注意しなければなりません。なぜなら成功した人というのは、同胞たちから多大のものを受けとる人、すなわち普通自らの奉仕に相応するものよりも、比較にならないほど多くのものを受けとる人だからです。まさに人間の価値は、その人が受けとることのできるものよりも、その人が与えるところのものによって、見定めねばなりません。（『晩年に想う』アインシュタイン著、中村誠太郎・南部陽一郎・市井三郎訳、講談社文庫）

　本書もまた、講談社の梓沢修氏にお世話になりました。ここに謝意を表します。

さくいん

【数字】

1階のテンソル 182
1次宇宙線 64
1次結合 176
2階のテンソル 182
2次宇宙線 64
4元加速度 175
4元速度 175
4元ベクトル 174, 178
4元力 176, 178

【アルファベット】

ct 94
D線 82
E線 85
GPS 224
hyperbolic 116
X線 148

【あ行】

アインシュタイン 12
アインシュタインのエネルギー公式 144
アインシュタインの縮約則 183
アルファ粒子 64
暗線 81
アンドロメダ星雲 84
アンペール 201
アンペールの力 202
アンペール・マクスウェルの法則 191
一般相対性理論 223
ウォラストン 81
宇宙線 63, 64
ウルム 12
運動物体の電気力学 221
運動方程式 132
運動量保存則 136, 138, 150
エディントン 224
エーテル 20, 29, 37

さくいん

炎色反応　82
音　20
音波　20

【か行】

改造　159
回転　199
ガウスの法則　191, 196
角振動数　78
核分裂　154, 224
核融合　157
ガリレイ　14
ガリレイ変換　15, 29
慣性系　15, 36
奇跡の年　14
吸光　83
共変的　101, 111
共変ベクトル　185
行列　123
虚数の角度　119
キルヒホフ　82
空間的領域　126
クーロン力　63, 220
原子核　63
現象論　52
原理　58
光円錐　127

光行差　33
光子　148
光速　21, 29, 36, 54
光速一定の原理　36, 70, 190
光速度不変の原理　36
光電効果　13
公転速度　31
光量子仮説　147
古典力学　14
コペルニクス　204
固有時　163, 167
コンプトン　148
コンプトン散乱　147, 153, 224
コンプトン波長　153

【さ行】

座標回転　116
座標変換　38
磁界　219
磁界に関するガウスの法則　191
時間的領域　125
時間の遅れ　59, 67
実験結果　63
磁場　53
周回積分　196

シュトラスマン 154
準惑星 89
条件付きの共変 217
シラード 159
シンチレーター 65
スカラー量 110
スライファー 83, 88
静止エネルギー 145
静止質量 141
青方偏移 84
世界距離 110, 114, 166
世界線 110
積分形のマクスウェル方程式 191
赤方偏移 84
絶対的な座標 15
遷移 83
双曲線関数 116
相対性原理 36
相対速度 15
相対論的力学でのニュートン力 143
速度の合成 71

【た行】

ダイバージェンス 196
力 142

地球の公転速度 27
地動説 204
中間子 64
チューリッヒ工科大学 13, 99
定性的説明 63
定量的な一致 63
電界 219
電子軌道 83
電磁現象の相対論的効果 221
電磁波 20, 53
電磁誘導の法則 191, 200
テンソル 182, 186
天動説 204
電場 53
等速直線運動 15
ドップラー 77
ドップラー効果 77
トンボー 89

【な行】

長さが縮む 68
ニュートン 14
ニュートン力学 14, 132
年周視差 204

【は行】

ハイパーボリックコサイン　116
ハイパーボリックサイン　116
パウエル　64
波数　78
パーセク　206
発散　196
ハッブル　86
バリンジャー大隕石孔　90
ハーン　154, 224
反変ベクトル　185
光　20
光センサー　65
光の運動量　147
光の干渉　24
微分形のマクスウェル方程式　192
秒角　32
フィゾー　54
フィゾーの実験　56
双子のパラドックス　61, 107, 167
物理的力　132
物理法則　36
ブラウン運動　13
フラウンホーファー　81
フラウンホーファー線　82
ブラーエ　205
ブラッドレー　31, 205
プランク定数　147
プリンストン大学　159
ブンゼン　82
ベクトル解析　201
ベッセル　205
偏微分　195
偏微分での変数変換　210
ボルン　100

【ま行】

マイケルソン　20
マイケルソン・モーレーの実験　20, 28, 37, 128
マイトナー　154
マイトネリウム　156
マクスウェル方程式　53, 191, 221
ミューオン　64
ミュー粒子　64, 224
ミンコフスキー　87, 92, 99, 163
ミンコフスキー空間　62, 92, 110

ミンコフスキー空間での運動量 171
ミンコフスキー空間での加速度 171
ミンコフスキー空間での力 172
ミンコフスキー時空 92
ミンコフスキー図 92, 124
ミンコフスキーダイアグラム 92
ミンコフスキー力 172
冥王星 89
メイマン 130

【や行】

山本実彦 159
湯川秀樹 63
陽子 63

【ら行】

ライトコーン 127
ラッセル 159
ラッセル゠アインシュタイン宣言 159
力学 14
量子力学 63
臨界 156
ルーズベルト 159
ルメートル 86
レーザー 130
連鎖反応 156
ローウェル 88
ローウェル天文台 88
ローテーション 199
ローレンツ 30
ローレンツ逆変換 52, 101, 124
ローレンツ共変性 177
ローレンツ収縮 30, 70, 105
ローレンツ変換 38, 51, 69, 87, 101, 113, 123, 162, 181
ローレンツ力 202, 221

【わ行】

惑星 89

N.D.C.421.2　246p　18cm

ブルーバックス　B-1803

高校数学でわかる相対性理論
特殊相対論の完全理解を目指して

2013年2月20日　第1刷発行
2025年5月14日　第6刷発行

著者	竹内　淳
発行者	篠木和久
発行所	株式会社講談社
	〒112-8001 東京都文京区音羽2-12-21
電話	出版　03-5395-3524
	販売　03-5395-5817
	業務　03-5395-3615
印刷所	(本文表紙印刷) 株式会社KPSプロダクツ
	(カバー印刷) 信毎書籍印刷株式会社
製本所	株式会社KPSプロダクツ

定価はカバーに表示してあります。
©竹内　淳　2013, Printed in Japan
落丁本・乱丁本は購入書店名を明記のうえ、小社業務宛にお送りください。
送料小社負担にてお取替えします。なお、この本についてのお問い合わせは、ブルーバックス宛にお願いいたします。
本書のコピー、スキャン、デジタル化等の無断複製は著作権法上での例外を除き禁じられています。本書を代行業者等の第三者に依頼してスキャンやデジタル化することはたとえ個人や家庭内の利用でも著作権法違反です。

ISBN978-4-06-257803-5

発刊のことば

科学をあなたのポケットに

　二十世紀最大の特色は、それが科学時代であるということです。科学は日に日に進歩を続け、止まるところを知りません。ひと昔前の夢物語もどんどん現実化しており、今やわれわれの生活のすべてが、科学によってゆり動かされているといっても過言ではないでしょう。

　そのような背景を考えれば、学者や学生はもちろん、産業人も、セールスマンも、ジャーナリストも、家庭の主婦も、みんなが科学を知らなければ、時代の流れに逆らうことになるでしょう。ブルーバックス発刊の意義と必然性はそこにあります。このシリーズは、読む人に科学的に物を考える習慣と科学的に物を見る目を養っていただくことを最大の目標にしています。そのためには、単に原理や法則の解説に終始するのではなくて、政治や経済など、社会科学や人文科学にも関連させて、広い視野から問題を追究していきます。科学はむずかしいという先入観を改める表現と構成、それも類書にないブルーバックスの特色であると信じます。

一九六三年九月

野間省一

ブルーバックス　物理学関係書 (I)

79	相対性理論の世界	J・A・コールマン／中村誠太郎 訳
563	電磁波とはなにか	後藤尚久
584	10歳からの相対性理論	都筑卓司
733	紙ヒコーキで知る飛行の原理	小林昭夫
911	量子力学が語る世界像	和田純夫
1012	電気とはなにか	室岡義広
1084	図解 わかる電子回路	加藤肇
1128	原子爆弾	山田克哉
1150	音のなんでも小事典	日本音響学会 編
1174	消えた反物質	小林誠
1205	クォーク 第2版	南部陽一郎
1251	心は量子で語れるか	ロジャー・ペンローズ／S・ホーキング／A・シモニー／N・カートライト／中村和幸 訳
1259	光と電気のからくり	山田克哉
1310	「場」とはなんだろう	竹内薫
1380	四次元の世界（新装版）	都筑卓司
1383	高校数学でわかるマクスウェル方程式	竹内淳
1384	マクスウェルの悪魔（新装版）	都筑卓司
1385	不確定性原理（新装版）	都筑卓司
1390	熱とはなんだろう	竹内薫
1391	ミトコンドリア・ミステリー	林純一
1394	ニュートリノ天体物理学入門	小柴昌俊
1415	量子力学のからくり	山田克哉
1444	超ひも理論とはなにか	竹内薫
1452	流れのふしぎ	石綿良三／根本光正／日本機械学会 編著
1469	量子コンピュータ	竹内繁樹
1470	高校数学でわかるシュレディンガー方程式	竹内淳
1483	新しい物性物理	伊達宗行
1487	ホーキング 虚時間の宇宙	竹内薫
1509	新しい高校物理の教科書	山本明利／左巻健男 編著
1569	電磁気学のABC（新装版）	福島肇
1583	熱力学で理解する化学反応のしくみ	平山令明
1591	発展コラム式 中学理科の教科書 第1分野（物理・化学）	滝川洋二 編
1605	マンガ 物理に強くなる	関口知彦 原作／鈴木みそ 漫画
1620	高校数学でわかるボルツマンの原理	竹内淳
1638	プリンキピアを読む	和田純夫
1642	新・物理学事典	大槻義彦／大場一郎 編
1648	量子テレポーテーション	古澤明
1657	高校数学でわかるフーリエ変換	竹内淳
1675	量子重力理論とはなにか	竹内薫
1697	インフレーション宇宙論	佐藤勝彦

ブルーバックス　物理学関係書（II）

1701	光と色彩の科学	齋藤勝裕
1715	量子もつれとは何か	古澤 明
1716	「余剰次元」と逆二乗則の破れ	村田次郎
1720	傑作！物理パズル50	ポール・G・ヒューイット／松森靖夫"編訳
1728	物理でわかるブラックホール	大須賀健
1731	ゼロからわかるブラックホール	大須賀健
1738	宇宙は本当にひとつなのか	村山 斉
1780	物理数学の直観的方法〈普及版〉	長沼伸一郎
1780	現代素粒子物語 〈高エネルギー加速器研究機構〉協力	中嶋 彰／KEK
1799	オリンピックに勝つ物理学	望月 修
1803	宇宙になぜ我々が存在するのか	村山 斉
1815	高校数学でわかる相対性理論	竹内 淳
1827	大人のための高校物理復習帳	桑子 研
1836	大栗先生の超弦理論入門	大栗博司
1860	真空のからくり	山田克哉
1867	発展コラム式 中学理科の教科書 改訂版 物理・化学編	滝川洋二"編
1871	高校数学でわかる流体力学	竹内 淳
1894	アンテナの仕組み	小暮裕明
1905	エントロピーをめぐる冒険	鈴木 炎
1912	あっと驚く科学の数字	小山慶太
1912	マンガ おはなし物理学史	佐々木ケン"漫画
1924	謎解き・津波と波浪の物理	保坂直紀
1930	光と重力 ニュートンとアインシュタインが考えたこと	小山慶太
1932	天野先生の「青色LEDの世界」	天野 浩／福田大展
1937	輪廻する宇宙	横山順一
1940	すごいぞ！身のまわりの表面科学	日本表面科学会
1960	超対称性理論とは何か	小林富雄
1961	曲線の秘密	松下泰雄
1970	高校数学でわかる光とレンズ	竹内 淳
1981	宇宙は「もつれ」でできている	ルイーザ・ギルダー／山田克哉"監訳／窪田恭子"訳
1982	光と電磁気 ファラデーとマクスウェルが考えたこと	小山慶太
1983	重力波とはなにか	安東正樹
1986	ひとりで学べる電磁気学	中山正敏
2019	時空のからくり	山田克哉
2027	重力波で見える宇宙のはじまり	ピエール・ビネトリュイ／安東正樹"監訳／岡田好惠"訳
2031	時間とはなんだろう	松浦 壮
2032	佐藤文隆先生の量子論	佐藤文隆
2040	ペンローズのねじれた四次元 増補新版	竹内 薫
2048	$E=mc^2$のからくり	山田克哉
2056	新しい1キログラムの測り方	臼田 孝

ブルーバックス　物理学関係書(III)

- 2061 科学者はなぜ神を信じるのか　三田一郎
- 2078 独楽の科学　山崎詩郎
- 2087 [超] 入門　相対性理論　福江純
- 2090 はじめての量子化学　平山令明
- 2091 いやでも物理が面白くなる　新版　志村史夫
- 2096 2つの粒子で世界がわかる　森弘之
- 2100 プリンシピア 自然哲学の数学的原理 第Ⅰ編 物体の運動　アイザック・ニュートン／中野猿人=訳・注
- 2101 プリンシピア 自然哲学の数学的原理 第Ⅱ編 抵抗を及ぼす媒質内での物体の運動　アイザック・ニュートン／中野猿人=訳・注
- 2102 プリンシピア 自然哲学の数学的原理 第Ⅲ編 世界体系　アイザック・ニュートン／中野猿人=訳・注
- 2115 「ファインマン物理学」を読む　量子力学と相対性理論を中心として　普及版　竹内薫
- 2124 時間はどこから来て、なぜ流れるのか？　吉田伸夫
- 2129 「ファインマン物理学」を読む　電磁気学を中心として　普及版　竹内薫
- 2130 「ファインマン物理学」を読む　力学と熱力学を中心として　普及版　竹内薫
- 2139 量子とはなんだろう　松浦壮
- 2143 時間は逆戻りするのか　高水裕一

- 2162 トポロジカル物質とは何か　長谷川修司
- 2169 アインシュタイン方程式を読んだら　深川峻太郎
- 2183 [宇宙] が見えた　中嶋彰
- 2193 早すぎた男　南部陽一郎物語　榕葉豊
- 2194 思考実験　科学が生まれるとき　臼田孝
- 2196 宇宙を支配する「定数」　臼田孝
- ゼロから学ぶ量子力学　竹内薫

ブルーバックス　数学関係書(I)

116	推計学のすすめ	佐藤信
120	統計でウソをつく法	ダレル・ハフ 高木秀玄=訳
177	ゼロから無限へ	C・レイド 芹沢正三=訳
325	現代数学小事典	寺阪英孝=編
722	解ければ天才！ 算数100の難問・奇問	中村義作
833	虚数iの不思議	堀場芳数
862	対数eの不思議	堀場芳数
926	原因をさぐる統計学	豊田秀樹
1003	自然にひそむ数学	佐々木ケン=漫画 前田恒彦
1013	道具としての微分方程式	斎藤恭一 柳井晴夫 岡部恒治
1037	違いを見ぬく統計学	豊田秀樹
1201	マンガ おはなし数学史	佐々木ケン=漫画 吉田剛=絵
1243	集合とはなにか 新装版	竹内外史
1312	マンガ 微積分入門	藤岡文世=絵
1332	高校数学とっておき勉強法	鍵本聡
1352	確率・統計であばくギャンブルのからくり	谷岡一郎
1353	高校数学パズル「出しっこ問題」傑作選	仲田紀夫
1366	算数パズル これを英語で言えますか？	保江邦夫=監修著
1383	数学版 これを英語で言えますか？	E.ネルソン 保江邦夫=監修
1386	高校数学でわかるマクスウェル方程式	竹内淳
1407	素数入門	芹沢正三
1419	入試数学 伝説の良問100	安田亨
1429	パズルでひらめく 補助線の幾何学	中村義作
1433	数学21世紀の7大難問	中村亨
1453	大人のための算数練習帳	佐藤恒雄
1479	大人のための算数練習帳 図形問題編	佐藤恒雄
1490	なるほど高校数学 三角関数の物語	原岡喜重
1493	暗号の数理 改訂新版	一松信
1536	計算力を強くする	鍵本聡
1547	計算力を強くするpart2	鍵本聡
1557	広中杯 ハイレベル 中学数学に挑戦 算数オリンピック委員会=監修 青木亮二=解説	
1595	やさしい統計入門	柴田正章/藤越康祝 柳井晴夫/C・R・ラオ
1598	なるほど高校数学 ベクトルの物語	原岡喜重
1606	関数とはなんだろう	山根英司
1619	離散数学「数え上げ理論」	野崎昭弘
1620	高校数学でわかるボルツマンの原理	竹内淳
1629	計算力を強くする 完全ドリル	鍵本聡
1657	高校数学でわかるフーリエ変換	竹内淳
1677	新体系 高校数学の教科書（上）	芹沢光雄
1678	新体系 高校数学の教科書（下）	芹沢光雄
1684	ガロアの群論	中村亨

ブルーバックス　数学関係書（Ⅱ）

1704	高校数学でわかる線形代数	竹内淳
1724	ウソを見破る統計学	神永正博
1738	物理数学の直観的方法（普及版）	長沼伸一郎
1740	マンガで読む 計算力を強くする	がそんみは"マンガ"銀杏社"構成 清水健一
1743	大学入試問題で語る数論の世界	清水健一
1757	高校数学でわかる統計学	竹内淳
1764	新体系 中学数学の教科書（上）	芳沢光雄
1765	新体系 中学数学の教科書（下）	芳沢光雄
1770	連分数のふしぎ	木村俊一
1782	はじめてのゲーム理論	川越敏司
1784	確率・統計でわかる「金融リスク」のからくり	吉本佳生
1786	「超」入門 微分積分	神永正博
1788	複素数とはなにか	示野信一
1795	シャノンの情報理論入門	高岡詠子
1808	算数オリンピックに挑戦 '08〜'12年度版	算数オリンピック委員会 編
1810	不完全性定理とはなにか	竹内薫
1818	オイラーの公式がわかる	原岡喜重
1819	世界は2乗でできている	小島寛之
1822	マンガ 線形代数入門	鍵本聡"原作 北垣絵美"漫画
1823	三角形の七不思議	細矢治夫
1828	リーマン予想とはなにか	中村亨
1833	超絶難問論理パズル	小野田博一
1841	難関入試 算数速攻術	中川塾
1851	チューリングの計算理論入門	高岡詠子 松鳥りつこ"画
1880	非ユークリッド幾何の世界 新装版	寺阪英孝
1888	直感を裏切る数学	神永正博
1890	ようこそ「多変量解析」クラブへ	小野田博一
1893	逆問題の考え方	上村豊
1897	算法勝負！「江戸の数学」に挑戦	山根誠司
1906	ロジックの世界	ダン・クライアン／シャロン・シュアティル／ビル・メイブリン"絵 田中一之"訳
1907	素数が奏でる物語	西来路文朗／清水健一
1917	群論入門	芳沢光雄
1921	数学ロングトレイル「大学への数学」に挑戦	山下光雄
1927	確率を攻略する	小島寛之
1933	「P≠NP」問題	野崎昭弘
1941	数学ロングトレイル「大学への数学」に挑戦 ベクトル編	山下光雄
1942	数学ロングトレイル「大学への数学」に挑戦 関数編	山下光雄
1961	曲線の秘密	松下泰雄
1967	世の中の真実がわかる「確率」入門	小林道正

ブルーバックス　数学関係書(III)

番号	タイトル	著者
1968	脳・心・人工知能	甘利俊一
1969	四色問題	一松信
1984	経済数学の直観的方法 マクロ経済学編	長沼伸一郎
1985	経済数学の直観的方法 確率・統計編	長沼伸一郎
1998	結果から原因を推理する「超」入門ベイズ統計	石村貞夫
2001	人工知能はいかにして強くなるのか？	小野田博一
2003	素数をめぐる	西来路文朗
2023	曲がった空間の幾何学	宮岡礼子
2033	ひらめきを生む「算数」思考術	安藤久雄
2035	現代暗号入門	神永正博
2036	美しすぎる「数」の世界	清水健一
2043	理系のための微分・積分復習帳	竹内淳
2046	方程式のガロア群	金重明
2059	離散数学「ものを分ける理論」	徳田雄洋
2065	学問の発見	広中平祐
2069	今日から使える微分方程式 普及版	飽本一裕
2079	はじめての解析学	原岡喜重
2081	今日から使える物理数学 普及版	岸野正剛
2085	今日から使える統計解析 普及版	大村平
2092	いやでも数学が面白くなる	志村史夫
2093	今日から使えるフーリエ変換 普及版	三谷政昭
2098	高校数学でわかる複素関数	竹内淳
2104	トポロジー入門	都築卓司
2107	数学にとって証明とはなにか	瀬山士郎
2110	高次元空間を見る方法	小笠英志
2114	数の概念	高木貞治
2118	道具としての微分方程式 偏微分編	斎藤恭一
2121	離散数学入門	芳沢光雄
2126	数の世界	松岡学
2137	有限の中の無限	西来路文朗／清水健一
2141	今日から使える微積分 普及版	大村平
2147	多様体とは何か	小笠英志
2153	なっとくする数学記号	黒木哲徳
2160	多角形と多面体	日比孝之
2161	円周率πの世界	柳谷晃
2167	三体問題	浅田秀樹
2168	大学入試数学 不朽の名問100	鈴木貫太郎
2171	四角形の七不思議	細矢治夫
2178	数式図鑑	横山明日希
2179	数学とはどんな学問か？	津田一郎
2182	マンガ 一晩でわかる中学数学	端野洋子
2188	世界は「e」でできている	金重明

ブルーバックス　数学関係書 (IV)

2195
統計学が見つけた野球の真理

鳥越規央

ブルーバックス　宇宙・天文関係書

- 1394 ニュートリノ天体物理学入門　小柴昌俊
- 1487 ホーキング　虚時間の宇宙　竹内薫
- 1592 発展コラム式　中学理科の教科書　第2分野（生物・地球・宇宙）　石渡正志／滝川洋二 編
- 1697 インフレーション宇宙論　佐藤勝彦
- 1728 ゼロからわかるブラックホール　大須賀健
- 1731 宇宙は本当にひとつなのか　村山斉
- 1762 完全図解　宇宙手帳（宇宙航空研究開発機構／JAXA 協力）　渡辺勝巳
- 1799 宇宙になぜ我々が存在するのか　村山斉
- 1806 新・天文学事典　谷口義明 監修
- 1861 発展コラム式　中学理科の教科書　改訂版　生物・地球・宇宙編　石渡正志／滝川洋二 編
- 1887 小惑星探査機「はやぶさ2」の大挑戦　山根一眞
- 1905 あっと驚く科学の数字　数から科学を読む研究会
- 1937 輪廻する宇宙　横山順一
- 1961 曲線の秘密　松下泰雄
- 1971 へんな星たち　鳴沢真也
- 1981 宇宙は「もつれ」でできている　ルイーザ・ギルダー（山田克哉 監訳／窪田恭子 訳）
- 2006 宇宙に「終わり」はあるのか　吉田伸夫
- 2011 巨大ブラックホールの謎　本間希樹
- 2027 重力波で見える宇宙のはじまり　ピエール・ビネトリュイ（安東正樹 監訳／岡田好恵 訳）
- 2066 地球は特別な惑星か？　成田憲保
- 2084 宇宙の始まりに何が起きたのか　杉山直
- 2124 時間はどこから来て、なぜ流れるのか？　吉田伸夫
- 2128 連星からみた宇宙　鳴沢真也
- 2140 見えない宇宙の正体　鈴木洋一郎
- 2150 三体問題　浅田秀樹
- 2155 爆発する宇宙　戸谷友則
- 2167 宇宙人と出会う前に読む本　高水裕一
- 2175 マルチメッセンジャー天文学が捉えた新しい宇宙の姿　田中雅臣
- 2176 不自然な宇宙　須藤靖
- 2187 宇宙の「果て」になにがあるのか　戸谷友則